PUHUA BOOKS

我
们
一
起
解
决
问
题

治愈系心理学

焦虑者自救手册
广泛性焦虑障碍与 CBT 疗法

The Generalized Anxiety Disorder Workbook
A Comprehensive CBT Guide for Coping with Uncertainty, Worry, and Fear

[美]　梅丽莎·罗比肖博士（Melisa Robichaud, PhD）　　著
　　　米歇尔·杜加斯博士（Michel J. Dugas, PhD）

凌春秀　译

人民邮电出版社
北　京

图书在版编目（CIP）数据

焦虑者自救手册：广泛性焦虑障碍与CBT疗法 / （美）梅丽莎·罗比肖（Melisa Robichaud），（美）米歇尔·杜加斯（Michel J. Dugas）著；凌春秀译. -- 北京：人民邮电出版社，2018.5
（治愈系心理学）
ISBN 978-7-115-48217-4

Ⅰ．①焦… Ⅱ．①梅… ②米… ③凌… Ⅲ．①焦虑—心理调节—通俗读物 Ⅳ．①B842.6-49

中国版本图书馆CIP数据核字(2018)第064441号

内容提要

每个人都会时不时地感到忧虑，这是一件再正常不过的事情。但如果你对自己的健康、财务、家庭、工作、未来等产生过度且无法控制的忧虑，你就可能患有广泛性焦虑障碍。这种慢性疾病不仅对日常生活造成困扰，导致明显的情绪痛苦，甚至会伴随一些躯体症状，如睡眠和注意力问题、疲劳、紧张、易怒以及焦躁不安等。

《焦虑者自救手册：广泛性焦虑障碍与CBT疗法》由两位研究和治疗焦虑障碍的专家撰写，关注的就是经常让你感到忧虑的对不确定的恐惧，并在认知行为疗法的基础上提供真实、有效的解决方案。书中介绍的战胜广泛性焦虑障碍的实用练习和策略都经过实践的检验，本书不仅描述详细、步骤清晰，还对读者进行手把手教学。如果你想拥有一个少有焦虑和不再过度忧虑的人生，这本操作性很强的自助图书将会对你有所帮助。

认知行为疗法最大的好处之一就是，你取得的所有成功都源于自身的努力。这本书只是为你指明道路，是否选择踏上这条路并坚持走下去取决于你自己。

◆　　著　　[美]梅丽莎·罗比肖博士（Melisa Robichaud, PhD）
　　　　　　[美]米歇尔·杜加斯博士（Michel J. Dugas, PhD）
　　　译　　凌春秀
　　责任编辑　姜珊
　　责任印制　焦志炜

◆人民邮电出版社出版发行　　北京市丰台区成寿寺路 11 号
　邮编 100164　电子邮件 315@ptpress.com.cn
　网址 http://www.ptpress.com.cn
　北京天宇星印刷厂印刷

◆开本：700×1000　1/16
　印张：14　　　　　　　　　　　　2018 年 5 月第 1 版
　字数：150 千字　　　　　　　　　2025 年 9 月北京第 30 次印刷
　著作权合同登记号　图字：01-2017-6715 号

定　价：59.00 元
读者服务热线：（010）81055656　印装质量热线：（010）81055316
反盗版热线：（010）81055315

推荐序

　　能为本书作序，是一种荣幸。我帮助的第一位广泛性焦虑障碍（Generalized Anxiety Disorder，GAD）患者名叫雅基，那是 1989 年的事情了，当时我还是一名研究生。雅基并不是我帮助过的唯一一个 GAD 患者，但她是我的第一个患者！当时我们采用的是多种治疗方案相结合的办法，这是在几项早期 GAD 治疗研究的基础上为雅基量身打造的，目的是帮助她处理那些引发焦虑的想法，并学会放松。尽管当时我没有什么经验，但雅基在治疗中的表现可圈可点，后来她的忧虑明显减少了。在我的职业生涯早期，与雅基的这次合作是一个很好的契机，它让我看到，为了更好地处理焦虑（不只是雅基的焦虑，也包括我这个实习治疗师的焦虑），就要改变那些让人持续产生问题性忧虑的想法和行为，这种方法具有极其重要的价值。

　　一转眼，26 年过去了。能更有效治疗 GAD 的心理学方法更多了，它们建立在对 GAD 的本质更精确的理解之上，并得到了很多科学研究的支持——这些研究是在严格控制下完成的，其中就包括本书作者提出的那些突破性的研究成果。尽管如此，这么多年来我们一直缺少一样东西，那就是一本集所有研究之大成的自助图书。这本书该是什么样子的呢？它应该详细描述那些经过实践检验、能战胜 GAD 的方法，应该步骤清晰，对读者进行手把手教学。关于如何处理其他焦虑问题以及焦虑情绪，市面上已经有了不少以此为主题的好书，这些书也都有很好的实证基础。但是，迄今为止，专门针对 GAD 的书却寥寥无几。可以说，我等了 25 年，就是为了等待这本书出现！

梅丽莎·罗比肖和米歇尔·杜加斯多年来一直从事对 GAD 的研究及治疗工作，他们的治疗方法是得到科学研究支持的最好疗法之一。最近的一项对照研究发现，GAD 患者在接受了本书所描述的治疗后，有 70% 的参与者在治疗结束时症状消失了。更令人惊叹的是，在一年之后，有 84% 的参与者摆脱了 GAD！也就是说，在治疗结束后的数月内，他们的症状依然在持续改善——这大概得益于他们对从本书中所学方法的持续练习。

很多人问过我："读一本自助图书真的能帮助我克服焦虑吗？"我的回答永远都是一样的："不，并不会比读一本健身图书对你健身更有用。"想体验有意义的、长期的改变，只靠阅读这本书是远远不够的。你需要不断地练习书中的方法，对有些读者来说，即使没有治疗师的帮助也能从这些治疗方法中获益；但对有些人而言，治疗师的支持似乎不可或缺——因为在治疗师的帮助下，这些方法才能发挥其本身的威力。如果你正在和 GAD 抗争，我郑重地向你推荐本书，不管你是决定凭一己之力将这本书中介绍的方法付诸实践，还是在有治疗师参与的情况下实践。

衷心祝愿大家拥有一个没有过度忧虑和焦虑的人生！

美国职业心理学委员会成员、瑞尔森大学心理系教授

马丁·安东尼博士（Martin M.Antony，PhD）

前　言

　　既然你正在阅读这本书，那你大概也正深受过度忧虑和焦虑之苦，甚至很可能曾经被某位专业人士告知罹患了 GAD；也有可能在了解相关资料之后，你给自己下了同样的诊断。如果是这样，这本书可以帮助你更好地理解自己到底哪里出了问题，并向你提供解决问题的实用方法。

　　本书中所列的方法以一种叫作认知行为疗法（Cognitive Behavioral Therapy，CBT）的心理治疗方法为理论基础。多年来，人们已经对 CBT 治疗焦虑障碍的疗效做了大量的研究。总体而言，研究显示，在所有心理治疗方法中，CBT 是对绝大多数——甚至可以说全部——焦虑障碍最有效的一种（对很多其他心理问题也一样）。这就意味着，本书提供的所有建议都是有实证基础的。换句话说，我们给你的建议并不是以临床直觉（即我们"认为"有用）为基础，而是建立在科学研究的基础之上。

　　在阅读本书时，你可能会发现，有些讨论直白浅显，或者有些例子过于简单。然而，这些都是我们考虑再三后的结果。虽然大部分读者可能都具有某些常见的 GAD 症状，但每个人都是不同的，所以，当你在阅读本书时，是带着个人独有的理解的。而且，虽然你可能对书中讨论的很多概念非常熟悉，但其他读者可能和你不一样。所以，我们选择从最基础的内容开始，让每一个阅读本书的人都能拥有同样坚实的基础。

　　此外，尽管本书中的某些概念相对简单直白，但在现实生活中真正实施起来时，可能会很棘手。如果你对每一种方法背后的原理都有了很好的理解，就能保证在使用时不会出错。因此，我们还准备了一些基本的、清楚的现实例子，如害怕坐飞机、害怕迷路、害怕参加聚会等。当然，你的忧虑和恐惧可能远比我们提供的例子要复杂得多。不过，在你确信自己对这些简单的例子已经理解透彻之后，就能更好地将书中的方法应用于自己的那些特殊的忧虑和焦虑了。

如何使用这本书

这本书囊括了多种不同的方法，有时候一种方法会涵盖数章的内容。每一种方法都建立在不同的概念的基础上，这些概念是关于如何理解并控制忧虑和 GAD 的。我们鼓励大家多花一点时间理解每一个新概念背后的逻辑。此外，在学习与某个新概念相关的方法前，我们有时候会要求你记录自己的某些具体想法和行为。这种记录非常重要，因为它是你的个人经验的基础，能帮助你更好地理解书中提到的概念。

对每一种方法我们都提供了几种练习，其中一些要求你花上一周或两周时间。我们强烈建议你最好用足够的时间将每一种方法都熟练掌握后，再继续练习下一种方法，即使这样做可能意味着你需要在某一种新方法上花费数周的时间。练习能够增加你的信心，所以，你可以按照自己的意愿，持续地在同一个概念上投入时间，多久都没有关系，只要你认为有必要。同时，如果你感觉某个概念或方法不适合你，那就没有必要在此花费大量时间。不过你要记住，虽然书中的某些理念可能一开始显得和你没什么关系，但事实上它们是有用的。所以，一定要在所有的练习上都花一点时间，然后再确定它们是否对你有用。

自己动手还是找治疗师

你可以凭一己之力将书中的内容付诸实践，也可以选择和一位 CBT 治疗师合作。不过，如果你选择自己动手，我们建议你制作一张进度表并严格执行。需要特别指出的是，最好每周都留出固定的时间检查你的作业完成情况，这种方法非常有用。在检查的时候，你可以视具体情况决定是在某个技巧上继续努力，还是准备开始尝试下一个。当我们和求助者讨论这种检查时，我们称之为和自己召开治疗会议。所以，每周选择一个相对固定的时间和地点——也许是你最喜欢的咖啡馆，或者某个你可以独自在家的时刻，暂时把注意力集中在自己身上。提前安排一下，给自己留出 45 分钟到 1 小时的时间，保证这段时间足够你检查作业并计划一项新的练习。在这段时间内，你还可以决定接下来是学习新章节或新段落，还是将前文再复习一遍。

为何要找 CBT 治疗师

在你努力想控制自己的焦虑时，找一个 CBT 治疗师有很多好处。首先，在动机和责任感这两方面，治疗师可以给你提供很大的帮助。在尝试新鲜事物时，有时候坚持是一种很大的挑战，即便你的意愿很强烈。例如，你可能办过健身房的会员卡，但在最终放弃之前，你去健身房的次数屈指可数。要想养成任何新的习惯——包括用 CBT 处理你的忧虑，你必须在连续数周内保持强烈的动机并坚持行动。治疗师可以帮助你做到这一点，因为在治疗过程中，治疗师会和你一起回顾并讨论前一次的练习情况。当你知道治疗师一定会问你作业完成得如何时，坚持去做的可能性就会更大。此外，如果你很难保持对 CBT 方法的积极性，也可以和治疗师进行讨论，对方可能会提出一些方法帮助你解决这个问题。

找 CBT 治疗师还有一个好处，他们在 CBT 这个领域都拥有一定的专业经验，而你可以从他们的专业经验中获益。如果你正对某个概念百思不得其解，或者不确定该如何完成某项练习时，治疗师可以帮助你搞清楚问题出在哪里，并找出解决办法。再者，因为每一位 GAD 患者都有各自独有的忧虑与焦虑，CBT 治疗师可以帮助你从本书中挑选合适的方法，为你量身打造一套与你的具体症状匹配的治疗方案。从本质上说，你的治疗师可以让不同的治疗理念与你的 GAD "指纹" 吻合。

何时该去找治疗师

要理解并着手将本书描述的 CBT 方法付诸实践，最好将它们视为一个"阶梯式治疗方案"的初级阶段。在一个阶梯式治疗方案中，一开始是用低强度治疗来处理症状，如果处理不了，则改用高强度干预。这本书可以被视为低强度的干预手段。对那些症状介于轻度到中度的 GAD 患者，它是一个理想的工具。在心理问题中，"轻度到中度症状"代表的是严重到足以让你感到痛苦并影响你的生活质量，但又相对温和到只要实践一本类似本书的指南，你就依然可以掌控自己的大部分日常活动的程度。

如果你感觉自己无法完成本书中的任何练习，或者焦虑让你无法集中注意力阅读任何材料，这表明你的 GAD 症状已经很严重了，仅靠自己可能处理不了。在这种情况下，高强度的干预可能更合适，这时就需要让一名 CBT 治疗师介入。治疗师不仅能够帮助你按照你自己的节奏践行 CBT 治疗策略，还能在整个过程中为你提供支持和鼓励。

还需记住的一点是，当你执行一项新的任务时，可能很难一直保持强烈的动机。如果你发现自己好几次拿起这本书打算开始，最终还是半途而废时，表明你可能需要一个能帮助你坚持下去的 CBT 治疗师，这样的合作会让你从中获益。

综上所述，本书描述的大部分理念和练习都是相对简单直接的。我们相信，只要认真将之付诸实践，绝大多数读者都能从中受益。在过去 20 年中，我们和成百上千的 GAD 患者合作过，很高兴如今能以练习手册的形式将我们从这些患者那里学到的东西奉献给更多的人。我们希望你喜欢这本书，更重要的是，我们希望它能帮助你过上一种没有 GAD 的生活。

目录

第 1 章　忧虑、焦虑和广泛性焦虑障碍 // 1

理解忧虑 // 1

理解焦虑 // 6

理解广泛性焦虑障碍 // 10

追踪你的忧虑 // 17

识别忧虑的类型 // 19

第 2 章　认知行为疗法与广泛性焦虑障碍 // 23

认知行为疗法的基础 // 23

认知行为疗法的原则和要求 // 34

临床试验 // 39

阅读完本书会有哪些收获 // 40

第 3 章　忧虑的"好处" // 43

你认为忧虑有用吗 // 44

关于忧虑的 5 种积极信念 // 47

承认你的矛盾心理 // 52

假如生活中没有过度忧虑 // 55

第 4 章　忧虑是否真的有用 // 59

对忧虑进行"审判" // 60

辩方律师：支持忧虑 // 62

公诉律师：反对忧虑 // 67

法官：审查证据 // 74

审核你的判决 // 82

进入下一步 // 83

哀悼失去的忧虑 // 83

第 5 章　忧虑与来自不确定性的威胁 // 85

对不确定性过敏 // 85

忧虑怪圈 // 86

来自不确定性的威胁 // 88

第 6 章　识别安全行为 // 95

理解安全行为 // 95

安全行为存在的问题 // 97

趋近策略 // 98

回避策略 // 100

这些安全行为不是很正常吗 // 103

第 7 章　检验你的信念 // 109

改变你的思维方式 // 109

行为实验 // 110

第 8 章　接纳不确定性 // 123

扩展行为实验的范围 // 123

接纳不确定性，看到其好处 // 132

盘点你的进步 // 137

第 9 章　处理现实忧虑 // 139

挑战消极问题导向 // 144

应用问题解决技巧 // 149

解决问题的好处 // 162

第 10 章　处理假想忧虑 // 163

理解恐惧 // 165

处理忧虑 // 168

写作暴露技术指南 // 171

理解暴露的目的 // 173

写作暴露技术疑难解答 // 176

洞察忧虑 // 178

把写作暴露技术放进工具箱里 // 179

第 11 章 立足成果，管理好忧虑 // 181

以心理健康为背景 // 181

任重而道远 // 182

维护技巧 // 183

维护成果是一个持续的过程 // 192

第 12 章 应对失误和复发 // 193

正常失误与问题性失误 // 193

控制失误 // 196

控制复发 // 202

结束语 // 206

致 谢 // 207

第 1 章

忧虑、焦虑和广泛性焦虑障碍

要探讨如何应对忧虑（Worry）、焦虑（Anxiety）以及广泛性焦虑障碍（GAD），我们首先要给这些术语下一个明确的定义。大部分人都将"忧虑"和"焦虑"这两个词替换着使用，因此，要用通俗实用的语言将这两个词区分开来并不容易。要解决一个问题，我们首先必须搞清楚这个问题到底是什么。

理解忧虑

忧虑是一个认知过程，它是在心理上发生的。忧虑包括个体在心理上预期某个消极结果会发生，并在心理上准备如何应对该结果。例如，假设你把汽车开到店里去做测试，你可能会有以下想法："如果发动机出现严重故障怎么办？修理费肯定很贵，我很有可能付不起。也许我可以分期付款。但是，如果修理人员不接受分期付款怎么办？那在有足够的钱用来修这辆车之前，我就不能开车了。没有车的话，我可能就没法按时上班了。"从这个例子中我们可以看到，忧虑包括两部分：第一部分是考虑可能发生的消极事件及其后果（你预期自己的车可能需要大修，如果承担不起修理费用，就必须想出另一个上班的交通方案）；第二部分是解决问题，或者在心理上尝试应对预期的消极结果（考虑和修理人员讨论分期付款的事）。

因此，忧虑可以被视为一系列的心理过程：在心理上预期将会发生的事，并进行相应的准备。你会在头脑中详细建构各种场景，预测可能会发生什么，自己对各种不同的情境会如何应对：如果 X 发生了怎么办？嗯，我可能会这样做……但是如果 Y 发生了怎么办？那我可能该这么做……尽管人们担忧的事情千奇百怪、形形色色，但所有的忧虑都具有以下特点。

- **忧虑通常是以"如果……怎么办"的问题开始。**这是符合情理的，担忧的时候，你当然会考虑在将来可能出现的情境中，最后的结果会是什么，并在心理上进行策划和准备。例如，当你计划出游时，可能会想："如果一直下雨怎么办？"这个问题随后就会引发如下一系列忧虑："如果下雨的话，那些已经计划好的活动可能就无法进行了，那这段旅行就糟透了。或许我可以考虑一些可以在雨天进行的活动。可是，如果我找不到能在雨天进行的有意思的活动，那该怎么办？"

- **忧虑就是关于未来的种种想法。**就算你正在琢磨的是一件往事，但当你忧虑的时候，关心的依然是这件事情对未来的影响。例如，如果你在担心一周前和一位朋友发生的争执，心里想的可能是："如果我们的友谊就此结束了怎么办？"这种忧虑把重点放在了对未来可能造成的影响上（友谊终结），这种影响是某件往事引发的结果（一周前的争执）。

- **忧虑总是消极的。**当你担忧未来可能出现的种种结果时，关心的不是可能发生的积极事件（如果这个假期棒极了怎么办），因为积极事件不会有什么问题需要你在心理上尝试解决。相反，你的忧虑集中在那些可能发生的坏事上。所以，忧虑的内容往往倾向于灾难的，这就意味着你会将注意力集中在那些最坏的情形上，即使在逻辑上你知道它们很可能不会发生。例如，如果你担心自己的体检结果，可能是害怕自己患上重病，即使只是例行的年度体检。

是什么引发了忧虑

既然有这么多的事情可能会让人忧心忡忡，你肯定很想知道最先引发忧虑的到底是什么。研究表明，引发忧虑的通常是那些无法预测、陌生或者暧昧不明的事件。换句话说，当你在面对一个结果不明（不可预测）、全新环境（陌生）或不明朗（暧昧不明）的情境时，产生忧虑的可能性更大。在这三种情境中，因为无法确定最后的结果，所以一切皆有可能发生，但你又不知道到底会有什么情况发生。因此，忧虑就是试图思考所有的可能并在心理上事先做出安排。引发不确定感的三种情况通常是：不可预测、陌生以及暧昧不明，下面，我们来看一看每一种情况的具体例子。

不可预测的情境

当你在为一场考试做考前准备时，面对的就是一个不可预测的情境。你无法确定考试的题目是什么，所以这个情境是完全不可预测的——题目会不会很难？考试的时候你会不会大脑一片空白？学过的内容是不是考试题目的正确答案？你完全没有办法准确预测考试时会发生什么。

在这种情况下，你的忧虑可能就是：如果我准备得不充分怎么办？我应该每天多学一个小时，但是，如果我忘记了一些很重要的内容，而考试中恰恰考了这些内容怎么办？要是我不理解题意怎么办？我可能会挂科！

关于不可预测的情境，我们再举一个例子——工作面试。不管你前期做了多少准备，都无法知道你的潜在雇主会在面试中问什么。因此，你可能更忧心忡忡了：如果她不喜欢我怎么办？如果她问了一个不太好回答的问题怎么办？我可能会落选！

陌生的情境

所有未曾经历的情境对你而言都是陌生的，包括去上一节从没参加过的健身课、开始一份新工作，或者到某个从未去过的地方旅行。例如，如果你从没有吃过寿司，当朋友邀请你去一家寿司店吃饭时，这种陌生情境就会引发如下担忧：如果我不喜欢寿司的味道怎么办？最后我可能会为一顿根本没动过的饭买单，然后不得不去其他地方吃东西。也许我可以点一些简单的、没吃过寿司的人也可能喜欢的东西。但是，如果这家饭店里的东西我都不喜欢怎么办？除了挨饿，我可能还会在朋友面前出丑。

第一天上大学也是陌生的情境，因此也可能会引发一些担忧：如果我在学校里迷路了怎么办？要是找不到教室怎么办？我可能会迟到，不得不在众目睽睽之下走进教室，尴尬万分。我应该早点到，这样就能保证找到教室而且按时上课。但是，如果教室特别大，我在大家面前怯场了怎么办？

暧昧不明的情境

所谓暧昧不明，就是让你搞不清到底会发生什么——不知道结果是积极、消极还是中性的。例如，如果你的上司说想和你谈谈，这就是暧昧不明的情境，因为你不知道为什么他要和你谈谈。也许是告诉你要给你升职（积极结果），也许是告诉你当天需要完成的任务（中性结果），也许会因你没有正确执行某项任务而批评你（消极结果）。因为在这种暧昧不明的情境中，你不知道自己该预期什么，所以更有可能感到担忧：如果他想谈谈是因为我做错事了该怎么办？他可能会开除我。我可以告诉他，我一定会更努力地工作，再也不犯类似的错误。但是，如果他根本不理会我说的话，无论如何都要开除我，该怎么办？

再举一个例子，你给一个朋友的电话留了言，却没有收到对方的回应。为什么他没有联系你呢？也许他没有收到留言，或者他给你回了电话，但你没有接到。不过，也有可能他不想和你说话，或许是因为某件事生你的气，或许是正为生活问题焦头烂额，或者只是太忙。你不知道朋友为什么没有回应你，这就形成了一个可能引发忧虑的情境：如果他没听到留言怎么办？也许我应该再给他打一个电话，再给他留个言。但是，如果他不联系我是因为现在很忙，我不断打电话让他很烦怎么办？如果他因此生气在电话里吼我，那我该怎么办？

忧虑何时成为问题

大家一定要记住，每个人都会时不时地产生忧虑，这是一件再正常不过的事情。例如，在面对压力或生活发生重大改变时，我们都会感到忧心忡忡。你会发现，当工作量增加、面临考试、家人患病，或者发生重大生活事件（如搬家、结婚）时，你产生忧虑的可能性就更大了。此外，当面临不可预测、陌生、暧昧不明的情境时，大部分人都控制不住自己的担忧。

那么，在什么情况下忧虑会成为问题呢？在心理健康领域，当忧虑几乎每天都出现，严重程度与情境不符且难以控制，对当事人的日常生活造成困扰或导致明显的痛苦时，我们就认为这种忧虑是有问题的。例如，如果你非常担心即将到来的考试，以致无法集中精力学习；过度担心即将到来的工作面试，以致将面试取消，你的忧虑可能就有问题了。当生活质量因忧虑有所下降时，也表明忧虑成了问题。你可能会发现，自己很难享受和爱人在一起的时光，因为你的头脑中都是各种担心。你可能还会发现，自己会回避一些原本令人愉快的活动，因为你不想在活动开始之前担心这个担心那个。例如，有些人因为过于担心孩子的健康和安危，就算在和孩子一起玩耍的时候，他们的注意力也始终放在各种忧虑上，无法放心地享受与孩子在一起的乐趣。

～ 练习1.1　评估你的忧虑是否成为问题 ～

与大多数心理问题的症状一样，忧虑是否成为问题主要看其程度如何。有忧虑存在并不表示有问题，判断是否成为问题的标准是忧虑的频率、严重程度、是否过度及不可控。下面的小测试将帮助你确定自己的忧虑是否成为问题。在下面每一个符合你的个人体验的说法前打√。

_____ 我几乎每天都在忧虑。

_____ 就算一切正常我也会担忧（例如，即使身体正常也担心自己的
健康）。

_____ 我对一些小问题过分担心（例如，对能否准时赴约忧心忡忡）。

_____ 我的忧虑过度了。在我看来，超过了应该担心的程度。

_____ 别人说我忧虑的东西太多了。

_____ 我的忧虑很难控制。一旦开始就难以停止，即使我努力想停下来。

在上面的说法中，如果你有至少三项打√，对你而言忧虑可能就成了
问题。

理解焦虑

忧虑发生在心理上，而焦虑则发生在生理上。焦虑是人们在遇到危险
或受到某种威胁时体验到的各种躯体感觉的总称。焦虑的感觉包括心跳加
速、呼吸变快，胃部紧张（从紧张一直到恶心或腹泻）、出汗、轻颤或发
抖、潮热或畏寒、烦躁不安、眩晕或头晕。在我们的体内，有一个专门对
威胁和危险做出反应的系统，焦虑就是这个系统的一部分。这个威胁探测
系统有时候被称为"或战或逃反应"，顾名思义，该系统就是帮助你做好迎
战威胁或逃之夭夭的准备。所有与焦虑相关的躯体感觉，其实都是身体让
你做好应对危险的准备。

焦虑的问题

因为焦虑是体内威胁探测系统的一部分，所以它是你最重要的生存机
制之一。在所有的地球生物身上，它都以某种形式存在着。它的作用就是

让你尽快脱离危险，例如，当你被一头熊追赶时，它会让你能跑多快就跑多快。不幸的是，焦虑系统存在两个严重的问题。

第一个问题是，只要你认为自己处于危险中，焦虑就会被触发，尽管事实上你并未身陷险境。你是否有过这样的经历：在家中突然听到某种声音，你以为有人闯进来了，最后发现是虚惊一场，那只不过是风或宠物弄倒了什么东西时发出的声音。在认为有人闯进来的那一刻，你可能感到了一阵强烈的焦虑——那是当你以为自己身处危险时，身体对这种想法做出的正常反应。因为威胁探测系统会对想法做出反应，所以它可能会"走火"。换句话说，即使没有真正的危险存在，可能也会引发我们的焦虑。

焦虑：身体的烟雾探测器

如果把焦虑看作身体的"烟雾探测器"，就很好理解了。当房子里发生火灾时，烟雾探测器会发出警报，让你尽快出去。但是，烟雾探测器并非只在火灾时才启动，只要房间里有烟，它就会启动。你可能在家里经历过烟雾探测器报假警，也许当时你只不过是在厨房烤面包片。问题在于，不管是真的起火还是发假警报，烟雾探测器发出的声音都是一样的。

焦虑的工作方式与此类似：当陷入危险时，你感到非常紧张，但是，当你并非真的身处险境时，你依然感到非常紧张。和对付烟雾探测器一样，一个很好的办法就是进一步进行调查，以查明是真危险还是假警报。

现代社会中的焦虑

焦虑的第二个问题是，它事实上只是一种应对生命危险的理想化机制。如果你正遭受攻击，需要奋起战斗或逃之夭夭时，"或战或逃反应"可以让你的身体迅速做好行动准备，在这方面它确实表现得很出色。然而，作为生活在现代社会的人类，我们面对的日常威胁通常并不是生理性的。我们最关心的，是那些在心理上预期会出现的属于社交领域的威胁和危险。

例如，你可能很担心自己上班迟到让上司生气，或者担心在聚会中如何与新认识的人交谈。这两种情况都会引发焦虑，但事实上它们并非生理性的威胁。让你担心的并不是上司因生气而揍你，或者新朋友会对你进行人身伤害。但你依然感到焦虑，这是因为，人类的身体只有一套威胁探测系统，它不能区分生理性威胁和社会性威胁。

在遇到生理性威胁时，焦虑会促使你采取行动，在这方面它确实表现得很优秀，但是，当面临的危险是社会性的，或者引发焦虑的原因是内心的担忧时，它的表现就差强人意了。不幸的是，只要你觉得有威胁，"或战或逃反应"就会立刻启动，所以你的第一反应可能就是远走避祸，无论这种威胁是什么性质的。如果让你感到威胁的只是日常的各种忧虑，这种逃避就纯属徒劳，事实上只能让你的忧虑日益恶化。

焦虑障碍：当焦虑变成问题

焦虑和忧虑有一点是相似的，那就是如果你只是感到不安，这并不意味着你有问题。正如前面提到的，焦虑引发的躯体感觉在保护我们远离危险时是必需的。此外，在不可预测、陌生或暧昧不明的情境中，偶尔感到焦虑也是正常的。例如，在第一次驾车时，你可能会感到很焦虑，因为你从没有摸过方向盘。这种情况在每个人身上都有可能发生。尽管在没有生理性危险的情境中感到焦虑很令人讨厌，但是，只有当你经常性地体验到这种感受且有损于你的日常生活时，焦虑才成为问题。例如，如果因为必须在课堂上做报告，让你焦虑到放弃这门课，就说明你的生活被焦虑严重困扰了。这种情况往往会被诊断为焦虑障碍。

焦虑障碍的类型有几种，区分它们的主要依据就是引发焦虑的具体原因。例如，如果你因为害怕细菌，在摸过门把手或与他人握手后产生严重的焦虑，你可能患有强迫症；如果每次需要打针或输液时你都感到极度焦虑，或者回避所有类似的情景，那你可能患有特定恐惧症——在这个例子中，是对针或注射的恐惧。在上面这两个例子中，焦虑体验是相同的：不管诱因是什么，焦虑的感受就是焦虑。因此，在诊断是哪种焦虑障碍时，取决于引发焦虑的原因是什么，或者感受到的威胁是什么。

焦虑障碍：只是程度问题

心理症状并不像电灯开关那样，不是开就是关，明确这一点很重要。这些症状很少全部存在或彻底没有。相反，每个人都不同程度地有上述症状。因此，像忧虑这样的症状就像是一个连续谱，其范围从一丁点儿或完全没有直到极其严重甚至致残，正如我们在图 1-1 中看到的那样，可能每个人都可以与这条线上的某一点对应上。如果被诊断为 GAD，就意味着这个人的忧虑位于这个连续谱的最右端，这表示治疗目标应该是帮助他往中间或左端移动。

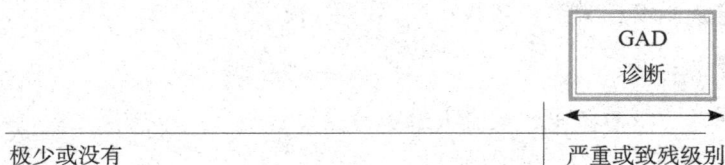

GAD
诊断

极少或没有　　　　　　　　　　　　　　　　严重或致残级别

图 1-1　忧虑连续谱

至于如何确诊焦虑障碍，我们会在这个连续谱的某一点画一条线，超过这条线就可能被诊断为焦虑障碍。在临床上，我们认为这条线是模糊的，因为它只代表了一个阈值：当超过了一定的程度后，如果你发现自己的症状已经引发了明显的痛苦，并且对生活造成了困扰，就会被诊断为焦虑障碍。做出诊断的好处就是，它能为被诊断者和精神卫生专业人士提供一种共同的语言，用来解释困扰这个人的是什么，并指导下一步的治疗。不过，位于这条线两端的人并没有什么真正的区别，诊断只是程度的问题。每一个患有 GAD 的人都是不同的，正如没有 GAD 的人之间也千差万别一样。所以，这本书的目标并不是"治愈"你，而是帮助你将忧虑和焦虑拉回到一种更适度、更功能性的范围内，让你的忧虑少一点，焦虑轻一点，不会感到痛苦，日常生活不受到损害。

理解广泛性焦虑障碍

在上文中，我们对焦虑障碍进行了总体性的讨论，不过，这本书的重点是一种特殊的焦虑障碍，那就是广泛性焦虑障碍，即 GAD。名不符实的是，GAD 的主要症状并不是焦虑，而是对日常事件过度、失控的忧虑。在 GAD 中，忧虑是长期的，意思是过度忧虑持续存在 6 个月以上，而且不是由生活中的某个压力源单独引发的。GAD 患者可能会体验到下列 6 种生理症状，不过，只要满足其中 3 项就达到了诊断标准：

- 感到不安，紧张，烦躁；

- 容易疲惫；

- 注意力很难集中，或者大脑一片空白；

- 易怒；

- 肌肉紧张；

- 睡眠紊乱。

这些生理症状是长期的，意思是至少在 6 个月的时间里它们存在的时间比不存在的时间多。最后，要达到 GAD 的诊断标准，必须满足：（1）这些忧虑和焦虑症状已经导致了明显的痛苦，（2）对当事人的日常生活造成了损害。

～∾ 练习 1.2　评估你的 GAD 症状 ∾～

如果你认为自己可能罹患 GAD，但又不确定，下面的问卷将让你更清楚。即使你已被确诊患有 GAD，我们也建议你再测一遍。这个问卷将为你提供一条标明症状严重程度的基线，在本书的后面部分，当你尝试了我们提供的方法后，我们会要求你再做一遍，这样你就可以比较一下前后的区别，以评估自己的进步。

忧虑与焦虑问卷

1. 你经常忧虑的主题是什么？

a._____

b._____

c._____

d._____

e._____

f._____

在以下题目中，请圈出与你的实际情况相对应的数字（0~8）。

2. 你的忧虑是否过度或夸大？

一点也不过度　　　　　　中等程度过度　　　　　　　完全过度

0 ······ 1 ······ 2 ······ 3 ······ 4 ······ 5 ······ 6 ······ 7 ······ 8

3. 在过去的 6 个月中，你有多长时间被过度忧虑困扰？

从不　　　　　　　　一半时间　　　　　　　　　　每天

0 ······ 1 ······ 2 ······ 3 ······ 4 ······ 5 ······ 6 ······ 7 ······ 8

4. 你在控制忧虑方面有困难吗？例如，当你开始忧虑某件事时，是否

11

难以停止？

| 一点也不困难 | 中等程度困难 | 极度困难 |

0 ······ 1 ······ 2 ······ 3 ······ 4 ······ 5 ······ 6 ······ 7 ······ 8

5. 在过去的 6 个月中，当你感到忧虑或焦虑时，下面这些症状对你的困扰达到哪种程度？圈出你认为合适的数字（0~8）。

a. 感到不安，紧张，烦躁

| 一点也不 | 中等程度 | 非常严重 |

0 ······ 1 ······ 2 ······ 3 ······ 4 ······ 5 ······ 6 ······ 7 ······ 8

b. 容易疲惫

| 一点也不 | 中等程度 | 非常严重 |

0 ······ 1 ······ 2 ······ 3 ······ 4 ······ 5 ······ 6 ······ 7 ······ 8

c. 注意力很难集中，或者大脑一片空白

| 一点也不 | 中等程度 | 非常严重 |

0 ······ 1 ······ 2 ······ 3 ······ 4 ······ 5 ······ 6 ······ 7 ······ 8

d. 易怒

| 一点也不 | 中等程度 | 非常严重 |

0 ······ 1 ······ 2 ······ 3 ······ 4 ······ 5 ······ 6 ······ 7 ······ 8

e. 肌肉紧张

| 一点也不 | 中等程度 | 非常严重 |

0 ······ 1 ······ 2 ······ 3 ······ 4 ······ 5 ······ 6 ······ 7 ······ 8

f. 睡眠紊乱

| 一点也不 | 中等程度 | 非常严重 |

0 ······ 1 ······ 2 ······ 3 ······ 4 ······ 5 ······ 6 ······ 7 ······ 8

6. 忧虑或焦虑症状对你的生活造成了何种程度的困扰？例如，对你的
工作、社交活动、家庭生活等。

　　　一点也不　　　　　　　　中等程度　　　　　　　　非常严重

　　0 ⸺ 1 ⸺ 2 ⸺ 3 ⸺ 4 ⸺ 5 ⸺ 6 ⸺ 7 ⸺ 8

要达到 GAD 的诊断标准，你还必须符合下列条件（在符合你的情况的
方框内打✓）

☐ 在第 1 题中至少有两个忧虑主题。
☐ 在第 2、第 3、第 4、第 6 题每题得分至少 4 分。
☐ 在第 5 题中至少有 3 项症状得分至少 4 分。

如果每一个方框内都打✓，就表明你符合 GAD 的诊断标准。

详解广泛性焦虑障碍的症状

　　你可能很想知道，如果我们用通俗的语言解读 GAD 会是什么样。现
在，我们就来谈谈 GAD 的一些症状，并逐一对它们进行深度解读。

对日常事件的忧虑

　　GAD 患者忧虑的东西和其他人一样：家庭、工作或学业、财务状况、
自身健康及亲人的健康、与朋友或同事的关系以及其他琐事（如守时守信
或做一些小决定）。不同之处在于，他们的忧虑比一般人多。如果你患有
GAD，你可能会发现，忧虑就像背景板一样，一直存在于你的生活中。也
许你会在某段时间忧虑得多一些，在另外一段时间忧虑得少一些，却不会
很明显地在一段时间里完全不忧虑任何事情。你可能还会注意到，忧虑的
主题每天都在变化，变化的内容取决于生活中的不同遭遇。我们在临床工
作中总是会谈到忧虑的这种特点，它就像不间断播放的音乐一样，每小时、

每天的歌曲都不一样，音量可能忽高忽低，却是你能一直听到的背景音乐。

过度且不可控的忧虑

要辨别忧虑在什么时候是过度或不可控的，操作起来可能有点困难，因为这是两个非常主观的形容词。不过，一般而言，如果你的忧虑程度对当时的情境而言并不适当，即尽管一切顺利你依然忧心忡忡，或者有人说你担心得过多，那你的忧虑肯定就过度了。在此描述的基础上，你可能已经注意到，过度忧虑并非只是忧虑得多了一点。例如，如果你刚刚失去工作，钱包里的钱不够还信用卡，那么你担心自己的财务状况完全不足为奇，对这种情形来说，多一些忧虑也是适当的。但是，如果你并没有丢掉工作，经济上也没有遇到其他困难，却还是一直担心自己的财务状况，你的忧虑可能就过度了。

再来说说忧虑不可控的情况，这主要是指忧虑一旦开始，你要停下来的难度有多大。当忧虑没有成为一个问题时，你可以选择将它放在一边完全不去考虑，或者换一个时间再想。但是，如果你患有 GAD，忧虑就像一列火车——一旦启动，就很难立即刹车。因此，就算你想暂时搁置自己的忧虑，或者完全把它抛诸脑后，要真正做到可能不太容易，甚至根本不可能做到。事实上，你可能会去做很多花费时间或精力的事情，以期将自己的注意力从这些忧虑上移开，比如让自己忙个不停、给朋友打电话、出去散步，或者从事其他任何一种能让你分心的活动。然而，如果你和那些我们见过的 GAD 患者一样，你就会发现，虽然这些方法可以起到作用，但也只是暂时有用。

长期性的忧虑

对患有 GAD 的人来说，忧虑不是某件偶尔需要去做的事情，相反，它就像生活中一个不离不弃的伴侣。如果你患有 GAD，你很可能已经认识到，自己一直都是一个容易忧虑的人——虽然并非每个 GAD 患者都如此。你可能还注意到，随着年岁的增长，你的忧虑也日益增加。这是一种很普遍的现象，因为随着年龄的增长，我们身上的责任会越来越多，需要忧虑的主题也会越来越多。有很多来访者说，人生中出现的每一个积极转折点——成年、上大学、步入社会、结婚、成家——都会增加他们的忧虑。随着时间的推移，忧虑的频率与严重程度与日俱增，其不可控性也在不断递增。

睡眠问题与疲惫

很多 GAD 患者报告，他们睡不着或睡不好。如果你有入睡困难的体验，就会发现，在把脑袋放在枕头上的那一刻，忧虑就开始在你的脑海里盘旋了。这是因为当处于休息状态时，你的大脑闲着没事，于是就开始忧虑了。你可能还会发现，在白天忙碌的时候，忧虑会少很多，因为其他的事情使你分了神。但是，忧虑并没有消失，它们只是暂时被推到了脑后，只等你放松下来或不再被其他事情分神时卷土重来。

有些人发现自己的问题在于睡不好。他们可能会一夜醒好几次，有时候是被自己的忧虑唤醒。就算睡着了，他们的大脑依然在工作，不管白天他们忧虑的是什么，都会被带到睡眠中。

过度忧虑让人筋疲力尽，而且，患有 GAD 的人通常都有睡眠问题，所以，你会感到容易疲惫也就丝毫不足为奇了。在很多方面，患上 GAD 就像背负重物走来走去，除了生活中的那些正常压力，每天还要背负着额外的忧虑，而且通常是经年累月看不到尽头，这会导致一种心力交瘁的感觉。

注意力难以集中

当你感觉焦虑时，你的大脑会自动开始将注意力选择性地放在各种威胁上面。例如，当晚上行走在一条漆黑的街道上，你会立刻加倍留意那些潜在的危险信号，比如那些小巷或黑暗的角落，因为可能会有人藏匿在那里。同时，你的注意力会从那些没有直接威胁的事物上移开，所以，你可能完全注意不到途中经过的店铺。这种情形有点像透过显微镜看世界：你能清楚地看到那些微小的、特定的部分，但因为聚焦过于狭窄，你错过了全局。那么这个原理是如何运用到 GAD 中的呢？因为你过分专注于自己的忧虑，把注意力放在了那些让你感到焦虑的威胁上，这样的话，要将注意力集中在日常工作上对你来说显然是一个巨大的挑战。

感到不安、紧张、烦躁

如果你的忧虑是长期性的，那你可能一整天都感到焦虑。焦虑表示"或战或逃反应"被激活，因此你的身体正在进行迎接威胁的准备。通俗地讲，这意味着你可能会感到紧张、不安、烦躁，因为你的身体正在做准备工作——要么直面危险，要么溜之大吉。

令人惊奇的是，这些不安或烦躁的感觉旁人通常是注意不到的，这使得 GAD 变成了一个具有迷惑性的功能性问题。从本质上看，个体患上 GAD 有点像一只正在湖面上游泳的鸭子：尽管鸭子在湖面上滑行时看上去平静安详，但它们的掌蹼却在水下疯狂地划动。

易怒

你可能发现自己很容易被激怒，经常想抽别人几巴掌，而且有时候完全是因为一些鸡毛蒜皮的小事。这是几乎每天都处于焦虑和忧虑状态的副作用。当你满腹忧虑时，把心思完全放在了那些潜在的威胁上，头脑中想的都是如何避开它们。这个时候，如果计划出现一些小变动，或者有人来和你讨论与你正在忧虑的主题无关的事情时，你会感到恼怒和不耐烦。我们不妨以生理上遭到某种威胁为例。假设你正在树林间穿行，突然感觉远处有一头熊，此时你会变得非常焦虑，全部心思都集中在如何应对这种局面上。就在这个时刻，有人上前问你晚上吃什么，你可能会想抽这个人一个耳光，因为他的提问完全是在干扰你。当你在日常生活中感到忧虑时，其逻辑和我们举的这个例子是一样的。

我们遇到过很多这样的求助者，他们担心这样的怒气发作在他人看来自己是消极的、悲观的和不友好的。事实并非如此。GAD 和悲观没有什么关系。虽然忧虑的具体内容具有消极性质，但这并不意味着你就是一个消极的人。你只有在焦虑时会出现消极的念头而已。同样，这种反应在你遇到人身威胁时是具有适应性的，但在日常生活中并没有什么帮助。

肌肉紧张

GAD 患者常报告有肌肉紧张感，通常发生在脖子、肩膀或下颌。这是长期焦虑的结果，当你感到焦虑时，更倾向于绷紧肌肉——往往是抬高肩膀或收紧下颌。如果你连续数月每天都这样做，会感到因肌肉紧张而产生生理不适就完全在意料之中了。

追踪你的忧虑

由于忧虑是 GAD 的主要特点，理解你的忧虑的具体类型就显得至关重要。使你忧虑的是哪些事情？是否有某些忧虑比其他忧虑更多？引发忧虑的通常是什么？忧虑能让你焦虑到什么程度？为了回答这些问题，你需要在日常生活的基础上对自己忧虑的内容有一个更好的了解。忧虑监测日志就是一种能帮助你达到这个目的出色工具，它能让你从自己的忧虑中截取一个"切片"，然后通过对这个"切片"进行仔细观察，将那些你可能还没有注意到的忧虑模式识别出来。

练习 1.3　记录忧虑监测日志

忧虑监测日志要求你至少在一周内每日数次追踪你的忧虑。你并不需要将每一种忧虑都记录下来，每天记录 3 种即可。这样做的目的是对你的忧虑模式来一个"快闪"，并不是要对所有的忧虑内容都详加描述。

你可以使用我们提供的忧虑监测日志表格，也可以把同样的内容记录在一个便于随身携带的笔记本或电子设备上。采用对你而言最方便的方式即可。

下面是一个样表，向大家示范一下如何记录忧虑监测日志。

忧虑监测日志（样表）

日期与时间	情境或诱因	忧虑（如果……怎么办）	焦虑值（0~10）
星期天早上 9:30	正在安排今天的待办事项	如果今天不能把所有事情都做完怎么办？那就太糟糕了	6
星期天下午 2:30	在家里，电话响了	要是接到一个坏消息怎么办？我可能应付不了	5
星期天晚上 10:00	思考一场即将到来的考试	要是我准备得不充分怎么办？我可能会挂科	8

表格分为四栏：

1. **日期与时间**：此栏记录忧虑发生的时间。

2. **情境或诱因**：此栏记录当你开始忧虑时的具体情形。

3. **忧虑（如果……怎么办）**：此栏简要描述一下你忧虑的内容。注意，在样表中，每一种忧虑只记录了一两个闪过的念头，并非整个思维过程。记住，这个练习只是想帮助你看清自己的忧虑模式，并不是一项需要花费大量时间或难以完成的大工程。只需写下最初的几个念头，让你对自己的日常忧虑有一个大致的了解即可。

4. **焦虑值（0~10）**：此栏记录忧虑让你感到焦虑的程度。0 分表示你完全不焦虑，5 分表示中等程度的焦虑，10 分表示极度焦虑。

记录忧虑监测日志小贴士

1. **每天只需记录 3 次**。你可能担心，如果记录的次数不够多，就无法准确全面地了解自己的忧虑。这种担心完全没有必要。记住，你只是在获取一个"切片"。我们的目的不是让你将每一种忧虑都写下来，只是想大致了解一下你日复一日的忧虑都是什么类型的。

2. **以你的焦虑为线索**。可能会令你吃惊的是，有时候我们很难意识到自己正处在忧虑中，更别提有足够的时间把这种忧虑记录下来了。如果你患有 GAD，忧虑就会变成你生活中一个极其稳定的部分，以至于你很难一直注意到它的存在。相比之下，当焦虑开始出现时，你会比较容易注意到它。因此，如果以焦虑感为线索来观察自己的忧虑，并确定引发忧虑的都是哪些情境，可能会是一个很好的办法。最好养成一个良好的习惯，即在一感到焦虑时就开始密切留意，然后问自己："此刻我在忧虑什么？"

3. **尽快记下你的忧虑。**完成忧虑监测日志的重要一环，就是尽快行动。显然，你无法在开车或与他人交谈时动笔。不过，趁着忧虑的念头在大脑里还鲜活时写下的东西最能准确反映出你真实的忧虑。如果一到两天后再写，你可能就会忘了当时自己有多焦虑以及最初是什么引发了你的忧虑，甚至可能连忧虑本身是什么都想不起来了。所以，如果某一天你忘了记录，不要在隔天的时候再记。最好是让那一天空过去，只将自己当前的忧虑记录下来，这比根据回忆写下自己认为的忧虑要好得多。

忧虑监测日志

日期与时间	情境或诱因	忧虑（如果……怎么办）	焦虑值（0~10）

识别忧虑的类型

现在你已经知道，自己可能会对很多不同的主题产生忧虑——健康、家庭、工作、财务等。不过，鉴于我们写这本书的目的，将各种忧虑分成两大类也是很有帮助的——对当前现实问题的忧虑和对各种假想情境的忧虑。在之后我们介绍应对每种忧虑的具体方法时，这种分类会显得尤其重要，不过，从一开始就了解这两种类型的忧虑的区别显然更好。

对现存问题的忧虑

对现存问题的忧虑就是担心此时此地你正在处理的问题性情境。例如：

● 过去两周我的工作时间减少了。如果我到月底发现挣的钱不够还信用卡怎么办？

● 课堂作业太难了。如果我不能按时完成怎么办？

在这些情境中，让你烦恼的是真正存在的问题，而且你对局势有着某种程度的掌控力，所以有可能做点什么来解决这个问题。例如，如果你忧虑不能按时还信用卡，潜在的解决办法就包括借钱、预支薪水，或者将每月的固定还款日期延后。

对假想情境的忧虑

与对现存问题的忧虑相反，对假想情境的忧虑涉及的是尚未发生的事——而且可能永远不会发生。它们往往包括一些在遥远的将来可能会出现的情形，你极少能掌控，甚至完全无法掌控。例如：

● 下个月我要坐飞机。要是飞机坠毁了怎么办？

● 如果家里有人生病了，我应付不了怎么办？

与现存问题相比，对这些假想情境你几乎无能为力，因为它们尚未存在。这样一来，就算你想去解决问题，也无处着手。你无法预测飞机是否会坠毁，也不知道自己会如何应对亲人的离世，如果假想中的情境永远都不会出现，任何准备工作都是无用功。

⌁ 练习 1.4　识别你的忧虑类型 ⌁

在应对因现实问题产生的忧虑时，有些方法很有用；但在应对因假想情境产生的忧虑时，它们可能收效甚微，这一点很正常。在本书后面的内容中，我们会用专门的章节详细讨论各种忧虑类型以及如何应对，所以，提前练习一下如何区别这两类忧虑很有必要。仔细阅读下面的例子，写出你认为与之对应的忧虑类型（对现存问题的忧虑还是对假想情境的忧虑）。

1. 我的妹妹回家晚了，如果她出了车祸怎么办？
现存问题还是假想情境？ _____

2. 在去超市购物时我忘记买一些东西，可我今晚要请朋友来家里吃饭。要是我现在去超市把落下的东西买齐，做饭的时间就不够了。如果客人来了我的晚餐还没准备好怎么办？
现存问题还是假想情境？ _____

3. 医生告诉我应该定期锻炼身体。如果我没时间锻炼，无法遵医嘱怎么办？
现存问题还是假想情境？ _____

你可能觉得这个练习有一点困难。确实，要区分这两种类型的忧虑并不容易。在这里教大家一个有用的办法，你可以先判断这个情境的性质——它是一个已经发生的问题，还是一个尚未发生且可能永远不会发生的潜在问题。然后，考虑一下你对这个情境的掌控力有多少。换句话说，对这个情境，你是否能够实际做点什么来应对？如果无从着手，这种忧虑针对的可能就是假想情境。利用这种逻辑，你就可以对上面的几个例子进行正确归类了。

1. 我的妹妹回家晚了，如果她出了车祸怎么办？

这是一个对假想情境的忧虑。你并不知道妹妹是否遇到了车祸，而且，即使确实发生了车祸，你也做不了什么来改变这个事实。所以，这是一个潜在问题，并非既定事实。对假想情境的忧虑反映的是可能不会发生的潜在问题。

2. 在去超市购物时我忘记买一些东西，可我今晚要请朋友来家里吃饭。要是我现在去超市把落下的东西买齐，做饭的时间就不够了。如果客人来了我的晚餐还没准备好怎么办？

这是一个对现存问题的忧虑。你确实忘了从超市买齐晚餐所需的食材，所以，这是一个既定事实。此外，你对这个情境拥有一定的掌控力——晚餐做什么，要不要再去一趟超市，要不要派别人去，要不要将晚餐推迟，等等。

3. 医生告诉我应该定期锻炼身体。如果我没时间锻炼，无法遵医嘱怎么办？

这是一个对现存问题的忧虑。这个例子有一点迷惑性，因为搞不清楚你是真的没有充足的时间定期锻炼，还是你只是在担心自己可能没时间锻炼。不过，既然医生已经建议你定期锻炼，而你很可能还没有这么做，这个问题看起来就是一个既定事实。此外，你对这个情境有直接的掌控力——可以控制自己的时间安排，决定何时锻炼以及选择哪种方式锻炼。这些都能进一步证明这是一个现存问题。

∽ 练习1.5 确定你的忧虑类型 ∾

在记录了一周的忧虑监测日志后，花点时间将每一种忧虑都回顾一下，确定它们针对的是现存问题还是假想情境。你可以在每一种忧虑旁边标明是现存问题还是假想情境。这样做不仅可以让你练习如何区分这两种类型的忧虑，还能让你对自己的忧虑模式有更多的了解。也许你对现存问题忧虑得更多，或者对假想情境忧虑得更多，还有可能两者占同样比重。

最后提示：即便你觉得很难，也要尝试为自己的每一种忧虑指定一个类型。你可能会怀疑自己做出的判断，也可能觉得某个忧虑两个类型都适合。不过，你很快就会看到，做出选择——即使是一个你不能完全确定的选择，也是一种非常有用的练习。

第 2 章

认知行为疗法与广泛性焦虑障碍

认知行为疗法（Cognitive Behavioral Therapy，CBT）是治疗 GAD 的可选疗法之一。如果你对 CBT 不熟悉，那就非常有必要先好好了解一下 CBT 的概念以及内容，弄清楚需要付出多少时间及承担多少义务才能让治疗取得成功。CBT 的大部分内容都建立在逻辑理念的基础上，如果这些理念对你而言没有意义，那 CBT 就不太可能发挥最大的作用。所以，本章内容旨在对 CBT 的一些基本原则进行解释，以帮助你更好地理解将在这本书中学到的可用来处理你的长期忧虑和焦虑的方法。

认知行为疗法的基础

CBT 建立在一个简单的概念之上，即在几乎所有生活情境中，你都会产生某种想法、感受及行为，这三个部分相互作用、相互影响。正是因为三者之间具有这种关系，你才能够识别并确认是哪些想法和行为导致了痛苦的感受——如恐惧和焦虑，并学会如何改变自己的思考和行为方式，以减轻那些消极感受。为了加深理解，一个很好的方法就是利用 ABC 三角，在这个三角中，ABC 分别代表情感（Affect，指各种感受或情绪）、行为（Behavior，指各种行动）及认知（Cognition，指各种想法）。

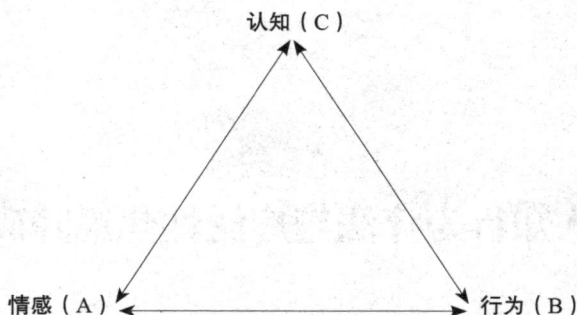

认知（C）

情感（A）　　　　　　　　　　行为（B）

图 2-1

　　为了进一步阐明认知、情感与行为的相互作用，我们不妨想象一下这样一个情境：你正走在街上，忽然看见你的表姐在远处。如果你很喜欢这个表姐，就可能会想："那是我表姐，在这碰到她真是太巧了！"这个想法可能会让你很开心，你可能会朝她挥手并呼喊她的名字。

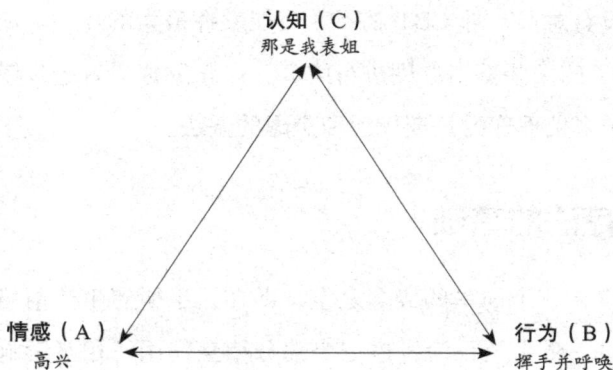

认知（C）
那是我表姐

情感（A）　　　　　　　　　　行为（B）
高兴　　　　　　　　　　　　挥手并呼唤

图 2-2

　　然而，当你继续一边挥手一边往前走并离那个人更近一些时，突然发现对方并不是你的表姐。这时你可能会想："那不是我表姐，我刚才朝一个陌生人挥手了！"这个想法可能让你觉得有些尴尬，你会停止挥手，也许会向对方道歉或者告诉对方你认错人了。

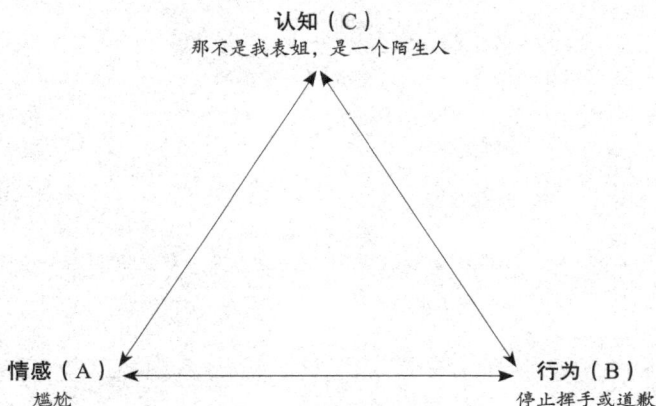

认知（C）
那不是我表姐，是一个陌生人

情感（A）
尴尬

行为（B）
停止挥手或道歉

图 2-3

在这个例子中，要注意的一点是，情境并没有发生任何改变——你在街上走着，看见远处有一个人像你的表姐。改变的是你的认知，以及与之对应的行为和情感。

ABC 三角的特点

当你开始应用 ABC 三角的逻辑处理自己特有的焦虑和忧虑症状时，你会发现，在认知、情感和行为三者的关系中，有几个特点会发挥重要作用，所以，最好从一开始就对它们有所了解。

相互作用

在上文提到的例子中，你走在街上，以为看到了熟人，这个认知影响了你的情绪和行为。不过，认知、情感与行为这三者之间的关系是相互作用的，意思就是它们之间发生的影响力都是双向的，所以，这个三角的每一个角都会影响到其余的两个。为了对此做进一步阐释，我们再举一个例子。假设你决定去参加一个聚会，而在这个聚会中你谁也不认识，到了聚会地点，你开始和其中的几个人搭讪。如果你们的交谈进行得不错，你可能会想："我觉得挺满意的，很高兴来参加这个聚会。"你的感受可能就是高兴。

认知（C）
很高兴来参加这个聚会，我感觉不错

情感（A）　　　　　　　　　　　　　　　　　行为（B）
高兴　　　　　　　　　　　　　　　　　　　参加聚会

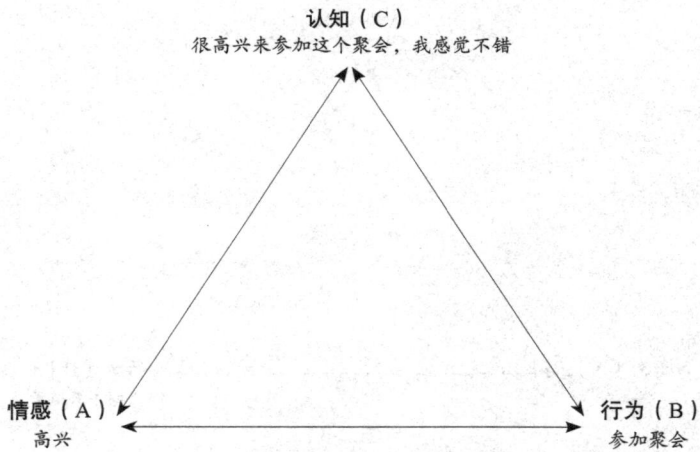

图 2-4　行为改变引起情感和认知改变

而另一方面，如果你在去参加聚会之前感到非常焦虑，接下来这种感受会影响你的认知和行为。你可能决定不去参加聚会了，也许你会想："如果我去了，可能会感觉不太好。"

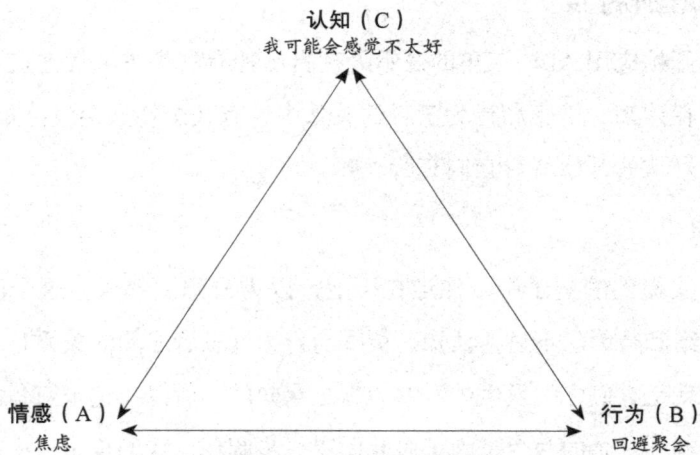

认知（C）
我可能会感觉不太好

情感（A）　　　　　　　　　　　　　　　　　行为（B）
焦虑　　　　　　　　　　　　　　　　　　　回避聚会

图 2-5　情感改变引起行为和认知改变

恶性循环

认知、情感和行为之间的关系还有一个特点，那就是这三者可以重复并扩大。假设你和一个朋友发生了争执，第二天，你的手机响了，正是这个朋友的来电。你可能会想："说不定她打电话过来是对我大吼大叫的。"这种想法会让你感到焦虑。结果，你可能会回避这个电话。如果不接电话，你的焦虑可能在当时减轻了，但接下来你可能会想："如果她知道我不接她的电话，可能会真的生我的气。"这种想法可能会让你感到更焦虑，你甚至可能会给另外一个朋友打电话寻求建议。

认知、情感和行为之间的这种反复相互作用可以用恶性循环来形容，因为这个三角的每一个角都会对其他两个形成不断递增的消极影响。如果你的朋友再次打来电话，你的焦虑很可能会比她第一次打来时更严重，让整个情况变得更糟。

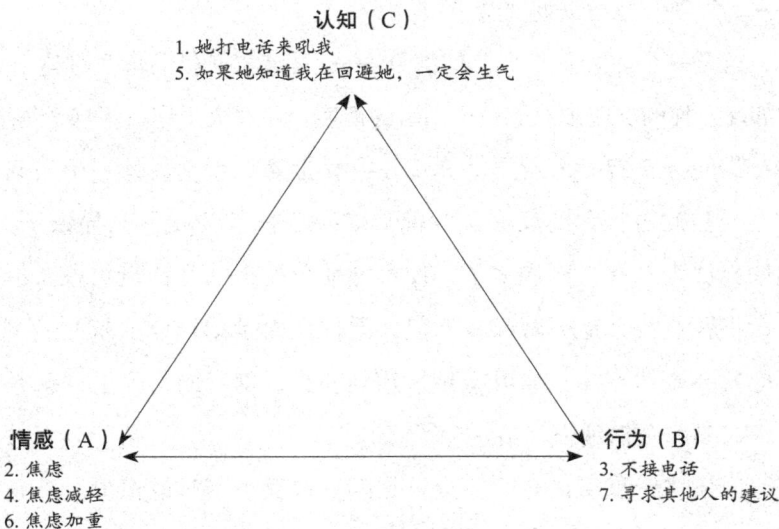

认知（C）
1. 她打电话来吼我
5. 如果她知道我在回避她，一定会生气

情感（A）
2. 焦虑
4. 焦虑减轻
6. 焦虑加重

行为（B）
3. 不接电话
7. 寻求其他人的建议

图 2-6　恶性循环

这种恶性循环看起来可能会让人很沮丧，因为你的认知、情感和行为可能陷入螺旋式下降的模式，变得越来越消极。不过，这也是一件好事，因为这种相互作用同样可以朝着积极的方向循环。例如，假如你不回避朋友的电话，而是决定接听电话，刚开始的时候你感受到的焦虑可能会比较强烈；但是，如果她打电话的初衷是想解决你们之间的争执并因之前的误会向你道歉，你可能就会如释重负，然后对自己说："我错了，她并不是打算吼我。"然后你可能也会向她道歉，或许还会对自己说："下一次我一定不会这么着急下结论了。"这样一来，如果再遇到类似的情形——某人的来电让你深感焦虑时，你就会发现，接起电话并把问题解决掉似乎并不难。

情境的意义

看到上文举的例子时，你可能会这样对自己说："我应该想到朋友打电话来是想重归于好，而不是冲我发火。"在这种情况下，你就不会把她的来电视为一种可引发焦虑的情形了。

这是一个需要着重强调的部分——不仅对 ABC 三角，对整个 CBT 也同样如此：你的反应不仅取决于当时的情境，还取决于你赋予这个情境的意义。

我们再来看一个例子。你正在家里坐着，听到另外一个房间传来一阵撞击声。此时，你的反应至少部分取决于你认为是什么导致了这声巨响，如果你认为是有人闯进来了，你可能就会变得非常惊慌焦虑，也许你会打电话报警并找个地方藏起来。但如果你认为是狗把什么东西撞倒了，你的反应就会截然不同：你可能只是感到恼火，随后的行为也许就是朝着狗吼几声或拿一个扫帚去收拾烂摊子。

记住这个重点：你的反应只是部分取决于当时的情境。一开始听到撞击声时，你并不知道究竟是有人闯入，还是狗或什么别的东西闯的祸。你的情感反应究竟是恐惧、恼怒还是别的感受，在很大程度上取决于你赋予这个情境的意义，或者你对这个情境的解释。

练习 2.1　认知是如何影响情感与行为的

阅读下面的例子，它们可以帮助你真正理解你赋予某个情境的意义是如何影响你的反应的。试着用不同的方式解释每一个情境，注意这些不同的认知是如何影响你的情感和行为的。为了帮助大家更好地理解如何完成这个练习，我们已经帮大家完成了第一个例子。

情境 1： 一位同事邀请你去参加一个聚会，他的目的是想让你和他的朋友见见面，可是这些人你都不认识。

可能的认知 1： 听起来挺有意思的！我可以去结识陌生人，说不定能交一些新朋友。

情感： 兴奋、激动。

行为： 参加聚会，结识新朋友，和他们聊天。

可能的认知 2： 听起来很糟糕！我一个人也不认识，可能会感到尴尬和不自在。

情感： 紧张、焦虑。

行为： 打电话给这个同事，找一个借口回避这次聚会；或者去参加聚会但几乎不和其他人说话，然后早早离开。

情境 2： 上司告诉你要给你升职，在新的职位上，你将领导一个小组并独立工作。

可能的认知 1：＿＿＿＿＿＿＿＿＿＿＿＿＿＿＿＿＿＿＿＿＿

＿＿＿＿＿＿＿＿＿＿＿＿＿＿＿＿＿＿＿＿＿＿＿＿＿＿＿＿＿＿

情感：＿＿＿＿＿＿＿＿＿＿＿＿＿＿＿＿＿＿＿＿＿＿＿＿＿＿＿

行为：＿＿＿＿＿＿＿＿＿＿＿＿＿＿＿＿＿＿＿＿＿＿＿＿＿＿＿

＿＿＿＿＿＿＿＿＿＿＿＿＿＿＿＿＿＿＿＿＿＿＿＿＿＿＿＿＿＿

可能的认知 2：＿＿＿＿＿＿＿＿＿＿＿＿＿＿＿＿＿＿＿＿＿＿＿

＿＿＿＿＿＿＿＿＿＿＿＿＿＿＿＿＿＿＿＿＿＿＿＿＿＿＿＿＿＿

情感：＿＿＿＿＿＿＿＿＿＿＿＿＿＿＿＿＿＿＿＿＿＿＿＿＿＿＿

行为：＿＿＿＿＿＿＿＿＿＿＿＿＿＿＿＿＿＿＿＿＿＿＿＿＿＿＿

＿＿＿＿＿＿＿＿＿＿＿＿＿＿＿＿＿＿＿＿＿＿＿＿＿＿＿＿＿＿

情境 3：你给一个朋友打电话，但没有人接，你就给他留了言；但一周过去了，他依然没有给你回电话。

可能的认知 1：＿＿＿＿＿＿＿＿＿＿＿＿＿＿＿＿＿＿＿＿＿＿＿

＿＿＿＿＿＿＿＿＿＿＿＿＿＿＿＿＿＿＿＿＿＿＿＿＿＿＿＿＿＿

情感：＿＿＿＿＿＿＿＿＿＿＿＿＿＿＿＿＿＿＿＿＿＿＿＿＿＿＿

行为：＿＿＿＿＿＿＿＿＿＿＿＿＿＿＿＿＿＿＿＿＿＿＿＿＿＿＿

＿＿＿＿＿＿＿＿＿＿＿＿＿＿＿＿＿＿＿＿＿＿＿＿＿＿＿＿＿＿

可能的认知 2：＿＿＿＿＿＿＿＿＿＿＿＿＿＿＿＿＿＿＿＿＿＿＿

＿＿＿＿＿＿＿＿＿＿＿＿＿＿＿＿＿＿＿＿＿＿＿＿＿＿＿＿＿＿

情感：＿＿＿＿＿＿＿＿＿＿＿＿＿＿＿＿＿＿＿＿＿＿＿＿＿＿＿

行为：＿＿＿＿＿＿＿＿＿＿＿＿＿＿＿＿＿＿＿＿＿＿＿＿＿＿＿

＿＿＿＿＿＿＿＿＿＿＿＿＿＿＿＿＿＿＿＿＿＿＿＿＿＿＿＿＿＿

情境 4：你计划和朋友一起出去吃午餐，但在最后时刻，你发现原计划要去的那家饭店预约出了问题，所以你的朋友预约了另外一家饭店；这家饭店刚开张，你从来没去吃过。

可能的认知 1：＿＿＿＿＿＿＿＿＿＿＿＿＿＿＿＿＿＿＿＿＿＿＿

＿＿＿＿＿＿＿＿＿＿＿＿＿＿＿＿＿＿＿＿＿＿＿＿＿＿＿＿＿＿

情感：＿＿＿＿＿＿＿＿＿＿＿＿＿＿＿＿＿＿＿＿＿＿＿＿＿＿＿

行为：＿＿＿＿＿＿＿＿＿＿＿＿＿＿＿＿＿＿＿＿＿＿＿＿＿＿＿

＿＿＿＿＿＿＿＿＿＿＿＿＿＿＿＿＿＿＿＿＿＿＿＿＿＿＿＿＿＿

可能的认知 2：_____

_____

情感：_____

行为：_____

_____

认知行为疗法要改变的是什么

因为认知、情感与行为是相互影响的，所以改变这个三角的一个顶点会导致另外两个顶点的改变。我们不妨用对坐飞机恐惧阐释这个观点。假设你很害怕坐飞机，但需要搭乘航班去参加一个朋友的婚礼。你可能会想："当我在飞机上时，如果飞机坠毁了怎么办？"这个想法极有可能让你焦虑不已，促使你找一个借口不去参加这个婚礼。一旦你回避了坐飞机，焦虑可能就减轻了，感觉轻松了很多。然后你可能会对自己说："取消这次出行是一件好事，就算那架飞机没坠毁，我在飞机上可能也会感到惊恐不安。"

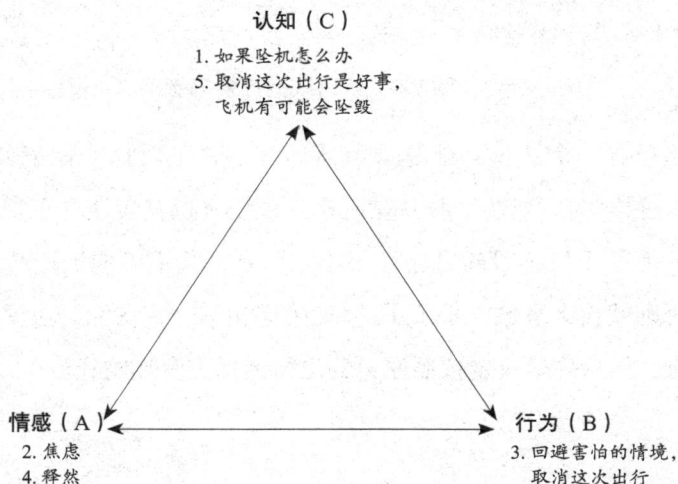

认知（C）
1.如果坠机怎么办
5.取消这次出行是好事，
飞机有可能会坠毁

情感（A）
2.焦虑
4.释然

行为（B）
3.回避害怕的情境，
取消这次出行

图 2-7

31

不过，假如你没有回避坐飞机，而是决定做不同的尝试，那你可以在这次飞行前找时间去一趟机场，亲眼看见飞机起飞和降落的情形。这样做一开始可能会让你很焦虑，但是，看着大量的航班抵达、起飞，几乎没有事故发生，你的焦虑可能就减轻了。不仅如此，你可能还会想："这么多飞机在这个机场起飞降落，一次事故都没有发生，这么说来，我坐的那架飞机也没有那么危险嘛。"在这个例子中，因为行为发生了改变，你的情感反应和认知也相应改变。

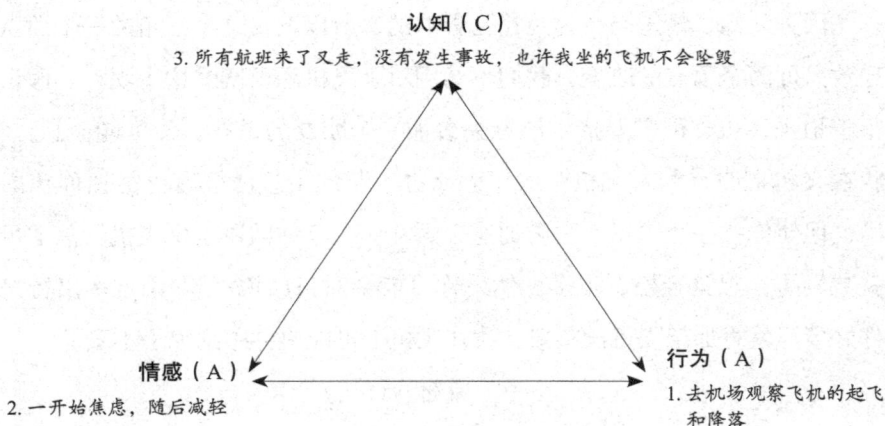

认知（C）

3. 所有航班来了又走，没有发生事故，也许我坐的飞机不会坠毁

情感（A）

2. 一开始焦虑，随后减轻

行为（A）

1. 去机场观察飞机的起飞和降落

图 2-8 行为改变产生的影响

你还有一个选择，就是重新评估一下自己对这个情境的看法。例如，你可以这样对自己说："我总是听别人说坐飞机其实比开车安全，所以，我乘坐的那架飞机坠毁的可能性很小。而且，我不可能回避所有不安全的情境，否则就什么事也干不了了。"如果你相信这些认知，焦虑感可能就会减轻一点，然后你会决定按照原定的出行计划去参加婚礼。

认知（C）
1. 坐飞机比开车安全，我不能回避一切不安全的情境

情感（A）
2. 焦虑稍微减轻

行为（B）
3. 继续出行计划，去参加婚礼

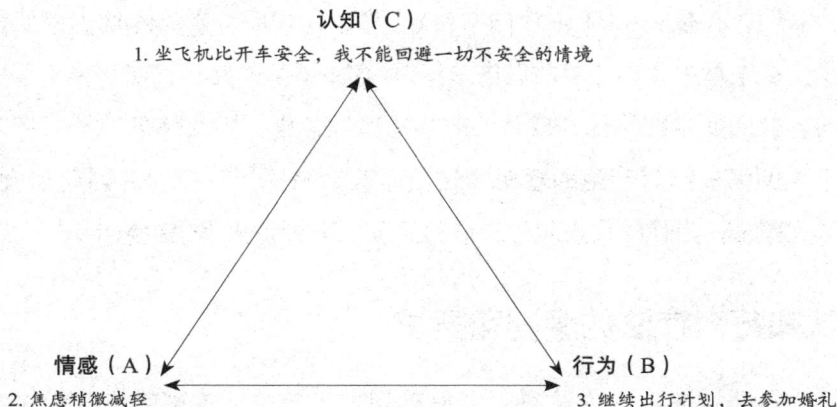

图 2-9　重新评估认知产生的影响

　　你可以直接改变行为，也可以重新评估认知，但是，要直接改变情感就没那么容易了。你可能已经发现，焦虑与否的决定权并不在自己的手里（如果这么容易就太好了！）而且，就算你想让自己不焦虑，可能也不得不去想点什么或做点什么，才能引起情感的改变，例如，想一些能让人平静下来的主题，或者做一些能令人放松的活动——如瑜伽，试着用这些方式让自己不那么焦虑。我们可以改变自己的行为，也可以学着改变自己的认知，但是，要直接改变情感几乎是不可能的。所以，CBT 把重点放在识别并改变认知和行为上，以此来间接改变情感。

　　你可以直接改变自己的认知和行为，但只能间接地影响自己的情感，所以，CBT 在治疗 GAD 时针对的主要目标就是过度忧虑（一种念头），而不是焦虑。这并不是说控制焦虑不是 CBT 的重要目标。毕竟，长期且过度的焦虑会导致明显的痛苦和日常功能受损。再者，如果你在应用了本书提到的 CBT 方法后，感觉焦虑没有减轻，那你也会对自己的进展感到不满意。

　　但是，既然忧虑是各种念头，而焦虑是一种情绪（和生理）反应，通过直接瞄准忧虑，也可以间接地减轻你的焦虑。事实上，已经有研究清楚

地表明，在接受 CBT 治疗的 GAD 患者中，忧虑水平的降低也促使焦虑减少（在本章中我们会对此做进一步探讨）。不仅如此，正如在第 1 章中提到的，人们通常在感知到威胁的时候体验到焦虑。因为忧虑涉及对将来可能出现的消极结果产生的念头，这些念头会被感知为威胁并因此引发焦虑。如此一来，当你的忧虑减少，威胁感随之减少，焦虑也会减少。

认知行为疗法的原则和要求

在开始进行 CBT 之前，最好确切地了解一下这种疗法需要你做些什么，这非常重要。为了让这本书中描述的方法取得最大的成功，我们需要你投入时间与精力。不过，在点头同意付出努力前，你需要知道自己该做些什么，以及为什么这么做。

获取技能

CBT 的主要目标是，帮助人们学会一些可终生受用的技能，这些技能可以帮助我们更好地应对艰难的情境、痛苦的感受以及有问题的想法和行为。在临床实践中，我们会告诉来访者，他们要学会成为自己的治疗师。这是因为 CBT 治疗师的作用之一就是，帮助人们识别那些无用的思维和行为模式，然后改变这些模式，以减轻他们的痛苦。因此，学会成为自己的治疗师就意味着有能力确定问题所在，并采取有效、健康的行动予以解决。为此，CBT 会帮你打造一个技能工具箱。你的目标就是学习每一种工具是用来干什么的，并掌握每一种工具的用法，让它们在需要的时候派上用场。

专注此时此地

在 CBT 中，你关注的焦点是此时此地的念头、行为以及感受，而不是童年时的经历或遥远的过去。这并不是说你不该考虑过往的事情，相反，审视过往模式和经验有时候是非常有用的。例如，如果你对即将参加的考试感到非常焦虑，心里想着"我可能会考砸"，此时你可以回顾一下自己在以往的考试中取得的成功，以此来质疑这个念头。此外，如果你有一段生活经历与某种特定恐惧有关，对这段经历的理解往往可以帮助你将各种念头放到具体的情境中考虑，这有助于去应对这些有问题的念头。例如，也许你会想起读高中时曾预期自己能通过所有考试，但事实上有一门功课没通过。这时候你就会明白，现在你之所以预期即将到来的考试会失败，很可能与这段经历有关。

所以，过往经历可以提供与有问题的念头和行为相关的重要信息。不过，CBT 关注的焦点是当前认知和行为的影响，因为最初引发问题的因素通常与让问题持续的因素有很大的不同。只关注那些已经成为问题的忧虑和焦虑究竟源于何处虽然很有意义，但通常不足以帮助你在此时做出改变。

假设你对针头有着持久的恐惧，这种恐惧严重到让你甚至不敢看缝纫用针，包括有针或打针画面的电影。你推迟了必要的身体检查，就是因为害怕打针。如果你下定决心查明这种恐惧的起因，也许最后会发现，当你很小的时候，有一段在医务室打针的糟糕经历。也许你哭着想努力躲过针头，却不幸被扎了好几次才最终注射成功。那个时候你十分惊恐，以至于你的父母在打针过程中不得不压制住你。打针很痛、很可怕，从那以后你就害怕针头和打针。就这样，你确定了问题的起因。然而，只知道自己为何害怕针并不一定能减轻你当前的恐惧，也不一定能让你不再逃避那些可能会有针或打针的情境。相反，理解是什么让恐惧持续可能更有用。

需要注意的一点是，虽然 CBT 对问题的最初起因并不十分关注，但这并不意味着确定最初的起因没有价值。有很多人寻求治疗的原因是想了解自身问题的起源，这种探索是有用且值得做的。但是，这并不是 CBT 的目标。当你决定用 CBT 的方法处理焦虑时，就是选择将焦点放在那些让问题持续存在的当前认知和行为上。研究表明，在处理焦虑症状时，这种方法是目前为止最有效的。

大量练习

CBT 需要你学习各种新的技能，要掌握这些技能，练习至关重要。为此，这本书的每一章中都有要求你完成的练习作业。在学习过程中，你可能需要在数天乃至数周内多次重复其中的一些练习。例如，在练习 1.3 中，我们提供了一份忧虑监测日志，鼓励大家用至少一周的时间每天记录 3 种忧虑。

总体而言，这些练习并不需要花费大量的时间，难度也不会太大。和大多数人一样，你可能在日常生活中十分忙碌，我们并不想给你增加额外的负担。相反，这些练习通常只是让你在面对某件事时采用新的思考方式，或者在某种具体情境中尝试不同的行动方式。虽然有时候这样做会让人感觉不舒服或尴尬，但我们的初衷绝不是让你感到不知所措或忐忑不安。

为什么练习是 CBT 的一个重要组成部分？因为和掌握任何新技能一样，只有通过不断地重复和练习，你才能看到自己对书中的这些技能掌握得越来越好，信心也与日俱增。理疗就是一个很好的类比。假设你觉得自己的背部出了问题，于是和理疗师约好每周治疗一次。每周理疗师都会引导你做一系列伸展运动，帮助你缓解背部的疼痛。如果你只是在治疗的时段内才做理疗师推荐的伸展运动，就算有所改善，这种改善也很缓慢。但是，如果你定期练习所有的运动，就极有可能会体验到疼痛和不适感明显减轻。

记录你的体验

CBT 的最后一个原则，就是强调跟踪监测整个过程的重要性。在这本书中，你会看到各种形式的记录表，要求你在完成各项不同的练习时把自己的发现和体验记录下来，其中包括一些可以反复填写的监测表格。我们鼓励大家使用书中提供的表格，还可以将答案记录在纸上或电子设备上。如果你使用的是笔记本或电子设备，一定要保证它们是便携式的。

在做 CBT 练习时，有些人喜欢事无巨细地把所有内容都记录下来，如果这是你的偏好，非常好，就这样做吧！有些人则担心自己没时间把所有的东西都写下来，如果你属于这种情况，我们建议你做一个简明扼要的笔记即可，这样就不会花费太多时间。为什么说把 CBT 练习过程记录下来是一个很好的办法呢？有几个原因，接下来我们就来探讨一下。

你的记忆并不可靠

如果你完全依赖记忆，那么忘事或犯错的可能性就很大。一般来说，人们往往更容易记住那些最近发生或频频发生的事情。例如，如果你试图记起两周前的一顿午餐，很可能就完全没有印象了。如果不得不进行猜测，你可能会说一些自己常吃的东西（如三明治）或最近刚吃过的东西（如沙拉）。但是，如果你将发生的事情记录下来，就不用担心记不住了（所以，让你忧虑的东西又少了一项，这也算是一个额外收获）。在学习识别、确认自己的各种认知时，做记录就显得尤其重要，准确的信息会让你的成功更有保障。

记录有助于识别认知和行为模式

如果你试图追踪大脑中所有的念头，要注意其中的认知和行为模式可能会比较困难。正如我们刚刚讨论过的，你的大脑不可能把所有的东西都记下来。还有一个问题就是，那些念头总是在大脑里盘旋往复——在你审视自己的各种忧虑时，可能已经发现了这个现象。在这种情况下，把各种发现和体验以文字形式记录下来能够让它们变得更清晰。你可以时不时地翻看自己记下的那些东西，看看自己的行为和认知中是否存在着某种固定模式。

追踪帮助你纵览全局

在完成本书的练习作业时，把结果记录下来还有一个好处，那就是可以让你追踪整个过程。当你确实在不断进步时，要真正留意到这些进步，可能比你想象的要难得多。绝大多数来访者会在治疗初期观察到明显的收获，并理所当然地为此感到自豪。在治疗早期，收获相对而言更容易观察到，这是因为来访者唯一能确定的参照点就是开始 CBT 治疗前他们的情况，与之相比，任何的收获或进步都显而易见。

然后，随着时间的推移，治疗过程的继续，人们通常开始用自己的理想结果作为参照点，而不是和一开始的情形进行比较，也不客观地衡量自己进步了多少。最后的结果就是，他们不会认为自己的当前状态和之前相比是一种进步，只认定此状态与理想结果相距甚远。

有目标固然是一件好事，但更重要的是，这些目标必须是现实的、能让人产生动力的。你肯定不想让它们变成你挫败感的来源。就像登山一样，你知道很费力，但你迈出的每一步都是在迎接挑战。在攀登的过程中，如果你时不时地回头看一看，就能够清楚地看到自己走了多远。但是，如果你只往上看，你的注意力可能只放在一个事实上，那就是还没到达山顶，不管你已经走了多远。这可能会让你感到灰心丧气，甚至让你想要就此放弃，停止攀登。如果对已经取得的成果保存一份书面记录，你就能看到自己朝着既定的目标已经走了多远。

记录整个过程如此重要的另一个原因就是，当你练习 CBT 技能时，可能会发现，那些一开始很难的练习会逐渐变得十分容易。书面记录会让你更清楚地看到这一点，因为你能看到自己过去的辛苦挣扎，以及现在的得心应手。我们见过许多这样的来访者，他们很快就忘记了过去做某些任务有多艰难，因此往往会贬低自己的进步。处理忧虑和焦虑是需要付出很多努力的事情，因此，承认自己的进步并为之感到自豪很重要。

成为生活中的宝贵资源

对各种发现和体验做书面记录的最后一个好处就是，你可以将这些笔记保存下来供将来参考。在艰难的处境中，忧虑和焦虑偶尔增加的情况很普遍。当这种情况出现时，你可以复习一下这些笔记，确定有哪些方法曾经奏效过，然后用它们迅速控制住复发的忧虑和焦虑。

在将整本书都付诸实践后，你真的会变成一个完全不同的人，会拥有完全不同的思维和行为方式。那些成功完成了 CBT 治疗的人，如果能在生活中持续利用那些帮助过他们的方法，就会在一段很长的时间里保持良好的状态。这就是为什么 CBT 可以让成果维持终生的原因。

临床试验

在本章我们提到，CBT 是建立在实证研究基础上的，这本书中描述的 CBT 治疗方法也不例外。在过去数十年中，我们的团队率先进行了多项研究，这些研究的目的就是探索 GAD 的性质以及治疗 GAD 最有效的 CBT 方法。多项研究证实，本书所描述的治疗手段有助于减少 GAD 症状。此外，研究还发现，与 GAD 有关的一个概念——对不确定的不耐受性（我们将在第 5 章进行详细解读），与 GAD 症状的关系尤其紧密，此概念也因而成为治疗的关键目标。

本书提到的 CBT 疗法是在 20 世纪 90 年代起源于加拿大魁北克的拉瓦尔大学。这套 CBT 方案出台后，其有效性在很多临床试验中得到了验证。事实上，它经过的临床试验比任何一种治疗 GAD 的心理疗法都多。总体而言，试验结果表明，以这种 CBT 形式与治疗师进行一对一治疗后，有

70% ~ 80% 的 GAD 患者不再符合 GAD 的诊断标准。此外，这些研究还表明，绝大多数当时治疗成功的患者至少在接下来两年内维持了疗效（更长期的数据目前还没有统计）。因此，大约有 75% 的 GAD 患者可以从本书描述的方法中获益，并能长时间地维持这种获益。

在读完前面的内容后，你可能会想："为什么有些人不能充分地从这种治疗中受益？如何保证这种治疗对我有用呢？"这些问题没有直接简单的答案。但是，有一个指标可以清楚地预测治疗成功与否，那就是改变的动机。研究结果表明，是否心甘情愿地完成那些改善症状所需的任务，是预测你能否成功战胜 GAD 症状的强大探测器。那些准备付出时间与精力学习并应用本书中的方法的人，是最有可能从中获益的。最关键的是，虽然最终的结果无法保证（我们会在后文进一步解释），但你应该清楚地看到，最后的获益与付出的时间、精力有很大的关系。所以，请你全力以赴。

阅读完本书会有哪些收获

在进入下一章之前，我们希望你知道，如果踏踏实实地落实本书中的方法，可预期的结果是什么。很多来访者满怀期望而来，希望在治疗结束时自己就无忧无虑了。这是一个不具有现实性的预期。每个人都会时不时地感到忧虑，而且，在你的人生中，有时候忧虑是绝对适当的反应——例如，当你爱的人生病了。因此，我们会告诉来访者，治疗的目标应该是控制忧虑，而不是将其彻底消除。这种原则也同样适用于焦虑。

所谓的治疗成功并不能让你再无焦虑，况且那也是不可能的，既然焦虑是体内的一种基本且必要的系统，那么很多时候焦虑都是适当的。更现实的目标是，让自己拥有一个装满各种有用方法的工具箱，当忧虑和焦虑出现时立刻加以控制，这样它们就不会过度或引发痛苦，当它们在不适当的情境中出现时，你也有办法将其减轻。

除了这个基本目标，我们强烈建议你思考一下，还有其他目标是你想通过这本书实现的。既然你正在阅读这本书，很显然，你存在忧虑和焦虑过度的问题，这就是为什么你想减轻它们。不过，有一个很重要的问题你需要问问自己，那就是"为什么"。也就是说，忧虑和焦虑给你带来了哪些妨碍？如果没有过度忧虑，你的生活会有什么不同？也许你希望有更多的时间陪孩子，希望换一份工作，或者希望自己更具主动性。要掌握战胜GAD 的 CBT 技能，确实需要你付出很多努力，所以，先树立一个奋斗目标很重要。为此，在接下来的练习中，我们将帮助你在生活中为自己设定一些目标。

～ 练习 2.2　设定目标 ～

这个练习的目的是帮助你在不同的生活领域给自己设定一个目标。我们鼓励大家多花一点时间，尽量把每一个领域都考虑到。要澄清的一点是，我们并不奢望大家在完成这本书中的练习时能够实现所有既定目标，其中一些目标可能需要更长的时间才能完成。再者，当人们学习用 CBT 方法战胜 GAD 时，他们常常会发现，自己的目标后来发生了改变。之所以要设定目标就是为了提醒你，为什么你宁可花大量的时间和精力学习这些 CBT 方法，也要控制住自己的过度忧虑和焦虑。

在本次练习涉及的所有领域中，你都要问自己下列两个问题：

- 忧虑和焦虑是否阻碍了我做一些自己想做的事情？
- 如果我的忧虑少一些，会发生哪些改变？

答案尽量具体一些。清晰的目标总是比模糊的目标更易于达成。例如，"我想快乐"这个目标就很模糊，你很难搞清楚自己什么时候才算实现了这个目标。相反，"我想经常出去旅行"就是一个清楚、具体的目标。

工作和学习（包括在工作中承担新的责任、换工作、重返校园等。）

_____

_____

家人与家庭生活（包括花更多时间陪伴家人、与家庭成员重修旧好等。）

_____

_____

朋友及人际关系（包括重新联系老朋友、参加更多社交活动等。）

_____

_____

休闲活动与业余爱好（包括经常旅行、品尝各地的美食、装修房子等。）

_____

_____

个性特点（包括增强主动性、让自己更自信坚定、偶尔允许他人做安排等。）

_____

_____

其他目标

_____

_____

第 3 章

忧虑的"好处"

如果你和很多 GAD 患者一样，那你的大部分生活可能都被忧虑占据着。当你把大部分时间都用来做同一件事的时候，就很容易认为这件事情多少是有一点用的。想一想生活中发生过的所有积极事件：你是否在学校表现出色？你有朋友吗？你是否珍爱并在意生活中的某个人？你是否成功地做过某件对你而言很重要的事情？你是否有过一份喜欢的工作？周围的人是否对你评价不错？人们会很自然地认为，自己对生活的这些方面（教育、友情、爱情、成功、职业及家庭）的忧虑产生了一些积极的影响。而且，如果人们认为某件事对自己的生活有益，他们就会继续做这件事。例如，如果你总是在考试前复习笔记，并且通常会因此而得高分，你可能就会沿用这个办法。忧虑同样如此，如果你在一生的大部分时间里都担心这担心那，可能是因为你相信这样做曾帮助自己实现了一些积极的目标。

在这一章中将会讨论关于忧虑有用的信念。尽管本书整体上聚焦于减轻忧虑的方法，但搞清楚你是否认为忧虑对生活有益也很重要。如果你确实持有这种信念，那么，赶走忧虑的难度可能会超过你的预期。

你认为忧虑有用吗

大部分人对忧虑是否有用持肯定的态度，尤其是那些 GAD 患者，这可能会让你感到很惊讶。事实上，在调查人们对自己的忧虑持何种看法时，我们发现，GAD 患者不但声称忧虑有用，并且与只有中等程度忧虑的人相比，他们忧虑的东西也多得多。

在这部分内容中，我们将帮助你发现在你心里是否认为忧虑有用。在下面的横线上写下过去数周内你的 3 种忧虑。如果不能确定最近的忧虑是什么，可以回顾一下在第 1 章中完成的忧虑监测日志。注意，你写下的内容一定要具体明确，不要笼统地记录忧虑的范围，如"我的家庭""我的工作"或"我的健康"。相反，要写明忧虑的具体内容是什么，如"我担心自己的工作表现"或"我担心将来自己的心脏会出问题"。

忧虑 1：_____

_____

忧虑 2：_____

_____

忧虑 3：_____

_____

现在，依次审视每一种忧虑。当你详细地思考这些忧虑时，是否觉得它们可能曾对你有益，或者认为它们具有某种积极意义？和很多人一样，你可能会认为这些忧虑至少在某种程度上是有用的。要搞清楚你是否真的认为忧虑有用，一个很好的办法就是针对你列出的每一种忧虑，询问自己下列几个问题。

- 关于我个人或我的价值观，对这个主题的忧虑说明了什么？
- 如果我对这个主题没有感到忧虑，对我个人或我的价值观而言又意味着什么？

- 当我对这个主题感到忧虑时，对我有什么好处？
- 对这个主题的忧虑是否让我的行为表现异于常态？
- 当我没有对这个主题感到忧虑时，是否会担心有消极事件发生？

为了让大家看清楚具体是如何操作的，下面我们以"当孩子们自己去上学时，我会担心他们的安全"这个想法为例，回答上述问题。

关于我个人或我的价值观，对这个主题的忧虑说明了什么？

担心孩子们的安全表明我爱他们，关心他们的安危。

如果我对这个主题没有感到忧虑，对我个人或我的价值观而言又意味着什么？

这可能说明，孩子们的安全对我而言不是第一要务，我更关注其他事情。

当我对这个主题感到忧虑时，对我有什么好处？

当我担心孩子们的安全时，我会感觉更安心，因为我确定自己已经把所有可能发生在他们身上的伤害都想到了，甚至可能阻止了一些不好的事情发生。

对这个主题的忧虑是否让我的行为表现异于常态？

对这个主题的忧虑让我对孩子们可能面对的危险更为警惕，让我能帮助孩子们做好应对这些危险的准备，如教他们在过马路时往两边看。

当我没有对这个主题感到忧虑时，是否会担心有消极事件发生？

我担心我会忘了告诉孩子们一些重要的安全知识，这可能会让他们受到伤害。

练习3.1　你的忧虑有用吗

首先从前面你记录的忧虑中选出一个，然后回答和上面例子中相同的问题，在此过程中仔细审视此忧虑。这个练习将帮助澄清你是否认为忧虑有用。我们强烈建议大家对大部分常见或最有可能成为问题的忧虑进行练习。

忧虑:_____

_____

关于我个人或我的价值观,对这个主题的忧虑说明了什么?

_____

_____

如果我对这个主题没有感到忧虑,对我个人或我的价值观而言又意味着什么?

_____

_____

当我对这个主题感到忧虑时,对我有什么好处?

_____

_____

对这个主题的忧虑是否让我的行为表现异于常态?

_____

_____

当我没有对这个主题感到忧虑时,是否会担心有消极事件发生?

_____

_____

　　仔细检查一下你的答案,你发现忧虑的任何好处了吗?如果确实发现了,那你就对忧虑的用处持积极信念。我们讨论你认为可能会从忧虑中得到什么好处似乎很奇怪,尤其是这本书的重点是如何减少忧虑。但是,也正是出于这个原因,你需要识别自己对忧虑所持的积极信念——如果你相信忧虑在生活中是有用的,可能就会发现要消除忧虑实非易事。

关于忧虑的 5 种积极信念

在接下来的内容中，我们将讨论人们通常认为可以从忧虑中得到的 5 个好处。在阅读这些内容时，回想一下你在前面的练习中列出的忧虑的好处，判断一下是否符合下列某一类别。

信念 1：忧虑是一种积极的人格特点

相信忧虑是一种积极的人格特点的人，通常认为忧虑是一种证据，证明自己是一个很好或工作效率很高的人。如果你相信忧虑反映了积极的个性特征，可能就会认为，忧虑表明自己是一个体贴、有爱心、有责任感、关心他人的人，或者是一个极其注意细节的人。例如：

- 担心孩子们在学校的情况表明我是一个体贴有爱、关心孩子教育的母亲；
- 担心工作细节表明我有责任心、工作努力；
- 当我担心父母的健康时，能让他们知道我有多爱他们、多关心他们。

如果持有这种信念，你甚至可能会向他人形容自己为"忧心人"（Worrier），并说一些诸如"大家都知道，我担心你们每个人"或"我是那种连工作中的小细节都不放过的人，是一个爱操心的人"。从这个角度看，忧虑被视为有益的，因为它向你自己及他人展示了你性格中积极的一面。

信念 2：忧虑有助于解决问题

有很多人相信，对某件事情的忧虑可以帮助他们更有效地应对这件事情，无论这件事情是什么。如果你也持有这种信念，就会认为忧虑可以帮助自己提前制订计划并做好面对各种情境的准备，或者可以帮助自己解决问题。例如：

- 如果我担心工作中的各种问题，就更有可能想出好的解决办法；

● 担心即将到来的度假会帮助我更好地制订计划，并为旅行中可能出
现的各种问题做好准备；

● 对房屋装修的忧虑能让我制订出一个最高效、最省钱的计划。

　　如果你持有这样的信念，就会把忧虑视为一个思维过程，并认为这个
思维过程可以帮助你考虑到某个困境的所有方面，有时候甚至可以在任何
消极结果出现之前就预见到。从这个角度看，忧虑被视为有用，因为它不
但可以帮助你更好地处理并有效地控制问题，有时候还能从整体上避免出
现问题。例如，如果你担心度假时下雨，就可能会制订一个无论什么天气
都能执行的活动计划，从而避免在度假时陷入困境。

信念 3：忧虑能够提供动力

　　认为忧虑有用的另一个常见信念是，忧虑可以给人提供一种行动起来
的动力。如果你持有这种信念，可能就会认为，如果自己对某件事情感到忧
虑，就意味着这件事很重要，你也因此更有可能打起精神好好应对。例如：

● 对健康的忧虑让我有动力锻炼身体、合理饮食，把自己照顾得更好；

● 如果我对即将到来的考试充满忧虑，就意味着这个考试对我很重要，
我更有可能努力学习；

● 当我对工作任务充满忧虑时，会更有可能马上着手去做并出色地完成。

　　如果你持有这样的信念，就会把忧虑视为激励自己采取行动的因素，
因为忧虑表示你正在考虑的这件事情很重要。从这个角度看，忧虑被视为
有用，因为它让你更有可能为那些对你而言很重要的情境做点什么。

信念 4：忧虑让人免受消极情绪困扰

　　很多人认为，如果消极事件真的发生了，对这些事件的忧虑会为自己
提供情绪准备。这种想法类似于把忧虑看成"银行里的钱"：如果我现在担

心一些不好的事情，就已经为这些事情投入了时间和精力。万一事件真的
发生了，我就能做好更充分的准备，因此不会感到那么难过。例如：

- 如果我担心家人的健康，一旦家人真的生病了，我就不会感到那么
  难过和伤心；
- 当我常常怀有可能被解雇的忧虑时，会更有能力应付真被解雇时可
  能体验到的那些失落、难堪和害怕；
- 如果我没有担心过伴侣出车祸的事情，一旦这种事情真的发生了，
  我可能会彻底崩溃，无法应对。

如果你持有这样的信念，就会把忧虑视为有益的，因为它可以帮助你
更好地应对消极事件以及随之引发的各种痛苦感受。持这种信念的人通常
会说，他们不敢想象，如果没有提前忧虑过一些消极事件——如失去亲人
或自己不幸身患重病，当这些事件真正发生时，痛苦、恐惧或负罪感会如
何把自己压垮。你可能已经注意到了，这种信念同样包括 "忧虑某事表明
它很重要" 的信念。出于这个原因，一些人认为，如果他们没有提前忧虑
过某件不好的事情，当此事真的发生时自己会深感愧疚。

信念 5：忧虑可以阻止消极结果

在最后这个信念中包含了一个观点——忧虑本身即可阻止坏事情发生。
换句话说，如果你对某些事情感到忧虑，这种忧虑本身就可以减少这些事
情发生的概率。不妨想一想最近在你的生活中可能会发生的重要事件，也
许你需要完成一个任务或学习报告，也许要参加一个面试，也许要去一个
不熟悉的地方。你可能会提前忧虑，如果最后一切顺利，你就会认为忧虑
是一件好事——"如果我事先没有忧虑，事情肯定不会这么顺利" 或者 "幸
好我忧虑了，最后一切才会这么顺利。" 下面举几个例子：

- 孩子们去夏令营的时候，如果我没有对他们是否过得快乐舒适产生过忧虑，他们可能会过得不好；
- 因为我事先就对这份工作报告深感忧虑，最后才完成得这么出色；
- 每一次我对乘坐飞机感到忧虑时，飞机总是飞行得很顺利，没有遇到事故或气流。

简而言之，持有该信念的人认为，如果你对某件事感到忧虑，这种忧虑会对最后的结果产生直接影响——如果不事先忧虑，坏事就会发生；因为事先不忧虑，好事未能发生。如果你相信能从忧虑中得到这些好处，你就会明白为何自己把事先不忧虑视为潜在的危险，因为你相信如果事先没有忧虑就会导致消极结果。

练习 3.2　识别你认为忧虑有用的信念

现在，你已经熟悉了人们认为忧虑有用的几个常见信念，接下来可以仔细研究一下，其中的一些信念是否与你的日常忧虑有关。这个练习需要用几天的时间完成。当你注意到自己正在担心某个特定的主题时，花一点时间思考一下，你是否认为该忧虑有用，如果有用，那它是否符合前文提及的 5 个信念中的某一个。如果符合，将该忧虑写在与之相对应的信念下面。

对于某个特定的忧虑，如果你无法判断它是否有用，可以回顾一下练习 3.1，回答其中的问题。同时，要记住，并不是每个人都持有全部 5 个信念，所以，如果你找不出与每个信念相对应的个人事例也没关系。

1. 忧虑是一种积极的人格特点
所有认为忧虑是你的性格或人格中一个积极的方面的信念，都属于这一类。
你是否对自己的忧虑持这种信念？是____　否____

从你的忧虑中，列举一些符合该信念的例子：

_____

_____

2. 忧虑有助于解决问题

所有认为忧虑能帮助你更好地计划并做好面对困境的准备、对问题进行全面周到的考虑或想出更好解决办法的信念，都属于这一类。

你是否对自己的忧虑持这种信念？ 是____ 否____

从你的忧虑中，列举一些符合该信念的例子：

_____

_____

3. 忧虑能够给我提供动力

所有认为忧虑让你更有行动力的信念，都属于这一类。

你是否对自己的忧虑持这种信念？ 是____ 否____

从你的忧虑中，列举一些符合该信念的例子：

_____

_____

4. 忧虑让我免受消极情绪困扰

所有认为对坏事的忧虑可以让你在这些事情真正发生时免受消极情绪（如痛苦、恐惧或负罪感等）困扰的信念，都属于这一类。

你是否对自己的忧虑持这种信念？ 是____ 否____

从你的忧虑中，列举一些符合该信念的例子：

_____

_____

5. 忧虑可以阻止消极结果

所有认为忧虑本身可以阻止消极结果出现或增加积极结果出现的可能

性的信念，都属于这一类。

你是否对自己的忧虑持这种信念？是＿＿＿　　否＿＿＿

从你的忧虑中，列举一些符合该信念的例子：

＿＿＿＿＿＿＿＿＿＿＿＿＿＿＿＿＿＿＿＿＿＿＿＿＿＿＿＿＿＿＿＿＿＿

＿＿＿＿＿＿＿＿＿＿＿＿＿＿＿＿＿＿＿＿＿＿＿＿＿＿＿＿＿＿＿＿＿＿

承认你的矛盾心理

到目前为止，这一章的内容可能让你感到有点困惑。当你开始阅读这本书时，心中怀着一个明确的初衷，就是希望减轻自己的忧虑，而且你可能非常肯定忧虑是消极的，是生活中的破坏分子。但是，当你发现我们刚才讨论过的信念恰恰就是你对忧虑所持的看法时，你可能会觉得有些忧虑是对自己有用的，虽然你以前并没有认识到这一点。那么，我们怎么能在认为忧虑有用的同时，又认定它是消极的呢？

在思考忧虑是如何给自己的生活带来消极影响时，你通常是从总体出发考虑的。也就是说，你会把忧虑这个行为视为整体去考虑——整日在大脑里盘旋的过程、对日常生活的方方面面所产生的消极影响。你想的并不是任何一种特定的忧虑。相比之下，认为忧虑有用的信念却往往是和某种特定的忧虑联系在一起的。所以，尽管你可能会认为把时间都花在忧虑上总体而言有害无益，但同时也认为某些具体的忧虑——如对健康的忧虑——很有用，因为它会促使你定期锻炼身体。就这样，你很容易对忧虑整体持有消极信念，却依然对某些具体的忧虑持有积极信念。

总体来说，你要记住：无论我们说的是整体忧虑还是某种具体的忧虑，其思维过程都是完全相同的。如果你成功将本书描述的方法付诸实践，一定可以减少忧虑并消除忧虑给生活带来的那些负面影响。但是，如果你把忧虑视为有用的，忧虑的减少同样会让你失去那些貌似有益的方面。换句话说，你不可能在消除整体忧虑的过程时还保留一些具体的忧虑。如果减少某些具体忧虑的想法让你觉得有点痛苦，那你可能会感到很矛盾，不知道是否该继续学习本书的方法。你确实希望自己的忧虑少一些，但有时你可能会害怕或抗拒，不愿意这样做。

你可能和大部分人一样，在承认不愿使忧虑减少时感到难以启齿。很多来访者由于担心我们会认为他们没有准备好、不愿意或不能全身心投入到治疗中，会在一开始就否认自己对忧虑持有积极的信念。但是，对忧虑的作用深感矛盾其实是一种很普遍的现象。毕竟，如果你相信忧虑可以表明你是一个好人、帮助你更有效地解决问题、激励你采取行动、帮助你更好地应对并控制消极情绪，甚至可以阻止消极事件发生，那么，减少忧虑似乎就是一种具有潜在危险或不受欢迎的行为。

显然，只是认为如此并非真的如此，因此，相信忧虑有用并不意味着它确实有用。在下一章中，我们会帮助你评估忧虑是否确实带来了好处。不过，在此之前，让我们看一看，如果你的忧虑明显减少，可能会有哪些得失。

～ 练习 3.3　如果减少忧虑，你会有何得失 ～

你希望通过减少忧虑实现什么目标？你担心减少忧虑会带来什么损失？本次练习的目的就是帮助你寻找这两个问题的答案。我们把减少忧虑的结果分为得与失两个部分，你要在不同的生活领域中细数得失。好好考虑一下，减少忧虑会给每个领域带来哪些积极和消极的影响。我们建议你至少给自己一个星期的时间来思考。

减少忧虑所得
对与家人和朋友的关系有何影响

_____

_____

对工作或学习表现有何影响

_____

_____

对个性或人格有何影响

_____

_____

对休闲或业余活动有何影响

_____

_____

对抗压能力有何影响

_____

_____

对整体幸福有何影响

_____

_____

对其他生活领域有何影响

_____

_____

减少忧虑所失

对与家人和朋友的关系有何影响

_____

_____

对工作或学习表现有何影响

_____

_____

对个性或人格有何影响

_____

_____

对休闲或业余活动有何影响

_____

_____

对抗压能力有何影响

_____

_____

对整体幸福有何影响

_____

_____

对其他生活领域有何影响

_____

_____

假如生活中没有过度忧虑

大部分 GAD 患者在其一生中的多数时间都处于过度忧虑状态，你可能也是如此。也许你认为自己天生就是一个忧心忡忡的人，或者相信自己携带着 "忧虑基因"。虽然你忧虑的内容可能在数年内会有很大的变化，而且根据压力的不同，忧虑程度可能会间歇性地增强或减轻，但是，它会一直伴随在你的左右。所以你可能很想知道，过一种没有过度忧虑的生活真正意味着什么。

想一想你的日常生活是怎么构成的，你把多少时间花在忧虑上？每天你用多少时间试图控制忧虑——采用的办法也许是转移注意力、让自己不断忙碌或殚精竭虑地为将来订计划、做准备？每隔多久你就会和家人、朋友及同事谈论自己的忧虑？和很多 GAD 患者一样，你可能会花费大量的时间去忧虑、应对忧虑、考虑自己的忧虑或与他人讨论这些忧虑。因此，忧虑不仅长期成为你生活的一部分，可能还占据了你大量的时间。

如果你的目标就是让自己生活得无忧无虑，上述状态会对这个目标产生什么影响呢？你可能并没有仔细想过，如果没有这些过度的忧虑，生活会是什么样子。你只是希望，如果能够放松下来，那些消极的念头不再持续地在大脑中盘旋，自己会变得更快乐。虽然清醒的头脑、放松的状态通常会让人感觉愉快，但你就没有想过花时间做一点别的吗？也就是说，如果你不再把大部分时间花在忧虑或试图控制忧虑上，你会做些什么？

假定自己是一个没有过度忧虑的人

作为一个人，你对自己的身份认同是一个值得思考的问题。如果你总是认为——或被别人认为——是一个容易忧虑的人，那么，假如有一天忧虑不再是你的一部分，那你又是谁呢？对任何一个长期与焦虑和忧虑抗争的人来说，如果能够把目光放长远一点，超越"克服问题"这个命题，多考虑一下如果没有这个问题生活该是什么模样，他就向前迈出了具有重大意义的一步。对那些总是忧心忡忡的 GAD 患者而言，这一点尤为重要。因为他们几乎想不起自己有哪个时刻是不曾忧虑的，对他们来说，一个没有过度忧虑的未来不过是一个抽象的概念——他们对此毫不熟悉，只能想象。

为了让大家更好地理解，我们打个比方——假如你的腿断了。如果你发生了事故，导致腿部骨折，将会有很多事情是你无法做到或只能用不同方法去做的。你不能奔跑、骑车或徒步。行走时，你可能需要拐杖，一些诸如淋浴或上床的活动也变得很复杂。但是，在考虑骨折痊愈后的生活时，你有一个参照点：你记得腿断之前自己是如何行走、奔跑、骑车、淋浴、上床的，骨折痊愈后，你会恢复以往熟悉的活动。但是，如果你一出生腿就断了呢？你可能会习惯另一种行走或淋浴的模式。如果多年以后你的腿突然好了，你将不得不学习一种全新的行动方式。后一种就是 GAD 患者面临的情况。既然你一直都是多思多虑的人，无忧无虑的生活对你而言可能非常陌生。

迈向没有过度忧虑的生活

对你而言，没有过度忧虑的生活可能是陌生的，所以，最好花点时间思考一下：如果不再忙于忧虑这忧虑那，你希望过一种什么样的生活？如果不再是一个耽于忧虑的人，你想成为什么样的人？ GAD 患者常常会放弃一些目标，仅仅因为这些目标似乎太容易引发焦虑了，因此显得不太现实。也许你曾经想要去旅行，但一考虑到要去一个完全陌生的地方，你就焦虑万分；也许你曾经想学水彩画，但尝试新鲜事物对你而言太可怕了。现在不妨想想那些被你搁置的梦想，把它们看成你为一个没有过度忧虑的生活设置的目标。至于身份认同，你可能想做一个更主动的人——一个会在周六早上醒来时，心血来潮地制订一日计划的人。或许你想让自己成为一个更放松、更从容的人，可以随时调整自己应对外界的变化，只有一点点或完全没有焦虑。

在你眼中，没有过度忧虑的生活是什么样子的呢？我们不需要你现在就给出回答。你现在要做的是认真思考这个问题，并承认这个问题可能既让人激动又令人忐忑。正如我们所说，如果你一直都满腹忧虑，就很难想象换一种生活方式是什么概念。带着这样的认知，完成下面的练习。这项练习旨在帮助你开始思考一种不同的生活——一种不再被过度忧虑控制的生活。

练习3.4　思考一种没有过度忧虑的生活

如果生活中不再有那么多的忧虑，你想改变些什么？想增加些什么？把你的想法写下来。但是，不要以为把它们写下来就完事了，在接下来的几个月中，只要产生了新的想法，你就要回头看看自己的答案。给自己多一点时间，认真地想一想，在生活中你喜欢做什么，包括那些因太容易引发焦虑以致你从没想过要尝试的事情。

此外，你不必独自完成这个练习。你可以询问一下朋友和家人，他们有什么兴趣爱好，业余时间喜欢做什么。你还可以花一点时间观察其他人——某个人的人格或个性中是否有你欣赏的积极面？他人所做的（或不做的）事情中，有没有你可以借鉴的？留心别人的事情可以帮助你搞清楚自己想做些什么不同的事。

为了帮助你产生新的想法，我们在下面列出了一些你可能想要改变的生活领域，每一项我们都提供了几个例子。你可以把重点放在任何一个对你而言最有意义的领域，也可以考虑生活的其他方面，总之，按照你自己的意愿去做。

休闲活动与业余爱好（例如：练习瑜伽，独自去某地旅行，和朋友去打网球。）

_____

_____

与家人和朋友的关系（例如：花更多的时间和家人在一起，允许孩子更独立，接受更多的社交活动邀请，和老朋友重新联系。）

_____

_____

完成日常任务（例如：把家务分配给孩子们，不再每天列出过多待办事项。）

_____

_____

工作或学习时间（例如：工作没做完也要抽出时间吃午饭，与同事或同学多交往，接受过去回避的新项目，寻找新工作。）

_____

_____

人格、个性及相关的行为改变（例如：更主动，如只要有时间就接受那些临时邀请；更从容，如即使计划发生意外的改变，也不会心烦意乱。）

_____

_____

第 4 章

忧虑是否真的有用

在上一章中，我们讨论了关于忧虑的 5 种所谓的积极信念，这一章的重点就是挑战这些信念。我们将仔细讨论支持这些信念的证据，直接调查忧虑是否真的有用。

如果你和大部分 GAD 患者一样，你可能会认同其中的一些信念。也许你会认为，减少忧虑这个目标或许并不那么美好。然而，这些信念可能并不正确，因此，我们最好着眼全局，仔细调查一下忧虑是否真的能够提供你认为的那些好处。

在开始之前，我们先要澄清一点，之所以要挑战你对忧虑的积极信念，并不是要证明你是错的。我们并不知道你的个人忧虑是否真的有用，除你之外没有人知道，因为没有人能像你那样了解你自己。但是，如果不去仔细调查、寻找证据，或许你也不能肯定自己的忧虑是否真的具有积极作用。正因如此，挑战对忧虑所持信念的目的就是明确你的忧虑是否真的有用：它们真的反映了你积极的个性特点吗？真的能帮助你解决问题、激励你采取行动、让你免受消极情绪或消极事件的困扰吗？通过从生活中收集相关证据，你可以找到这些问题的答案，并且看到忧虑是否真的对你有用或有可取之处。

对忧虑进行"审判"

可以这么说，要查清忧虑是否真的有用，一个好办法就是把它们"送上法庭"。对忧虑的"审判"让你有机会审查所有证据，不管它们是支持还是反对某一具体忧虑会有好处这一看法。因此，你需要扮演以下三个角色。

- **辩方律师**：在这个角色中，你要举出具体的事例，证明某个特定忧虑的价值或用途。
- **公诉律师**：在这个角色中，你要反对忧虑有用的论点，并提供证据对忧虑的积极信念进行反驳。
- **法官**：在这个角色中，你要对证据进行全面审查，并最终决定自己是否真的从忧虑中得到了最初认为的好处。

正如第3章所言，很多GAD患者声称忧虑总体上是消极的。忧虑在脑海里盘旋不去的过程及引发的各种生理症状，如焦虑、睡眠问题、肌肉紧张等，都被视为不受欢迎的东西。但是，GAD患者看待特定忧虑的眼光通常不一样。你可能也觉得综合起来看忧虑有害无益，但同时仍然认为某些具体的忧虑比较有用。对健康的忧虑或许会让人感觉有一点用处，因为它能让你好好照顾自己；对家人或朋友的担忧似乎也是积极的，因为这种担忧表明你有多在意他们。这类具体忧虑就是你要审查的对象。在这一章中我们会提供很多表格，在你对某个特定忧虑进行审判时，它们会派上用场。

练习4.1 审查"有用"的忧虑和积极信念

在这个练习中，首先选择几个你在练习3.1中写下的具体忧虑，同时列出你对每一个忧虑所持的积极信念。注意，对某一特定忧虑你可能持有不止一个积极信念。作为提醒，我们把前面提到的最常见的5个积极信念列在下面：

1. 忧虑是一种积极的人格特点；

2. 忧虑有助于解决问题；

3. 忧虑能够提供动力；

4. 忧虑让人免受消极情绪困扰；

5. 忧虑可以阻止消极结果。

下面我们先来看一个例子，或许对你有所启发。

忧虑：在支付完所有家庭开销后，我担心是否还有余钱可存。

对上述忧虑所持的积极信念

1. **忧虑是一种积极的人格特点**：对家庭财务充满忧虑表明我是一个有责任感、有条理的人。

2. **忧虑帮助我解决问题**：对家庭财务的忧虑帮助我发现了管理金钱的最佳办法，所以在还完信用卡后银行卡里还有积蓄。

3. **忧虑能给我提供动力**：对家庭财务的忧虑让我有动力关注所有开销并制订长期存钱计划。

现在，对你的 3 个忧虑如法炮制。

忧虑：＿＿＿＿＿＿＿＿＿＿＿＿＿＿＿＿＿＿＿＿＿＿＿＿＿＿＿＿＿＿＿

＿＿＿＿＿＿＿＿＿＿＿＿＿＿＿＿＿＿＿＿＿＿＿＿＿＿＿＿＿＿＿＿＿＿＿

对上述忧虑所持的积极信念

1.＿＿＿＿＿＿＿＿＿＿＿＿＿＿＿＿＿＿＿＿＿＿＿＿＿＿＿＿＿＿＿＿＿

＿＿＿＿＿＿＿＿＿＿＿＿＿＿＿＿＿＿＿＿＿＿＿＿＿＿＿＿＿＿＿＿＿＿＿

2.＿＿＿＿＿＿＿＿＿＿＿＿＿＿＿＿＿＿＿＿＿＿＿＿＿＿＿＿＿＿＿＿＿

＿＿＿＿＿＿＿＿＿＿＿＿＿＿＿＿＿＿＿＿＿＿＿＿＿＿＿＿＿＿＿＿＿＿＿

3.＿＿＿＿＿＿＿＿＿＿＿＿＿＿＿＿＿＿＿＿＿＿＿＿＿＿＿＿＿＿＿＿＿

＿＿＿＿＿＿＿＿＿＿＿＿＿＿＿＿＿＿＿＿＿＿＿＿＿＿＿＿＿＿＿＿＿＿＿

忧虑：_____

_____

对上述忧虑所持的积极信念

1._____

_____

2._____

_____

3._____

_____

忧虑：_____

_____

对上述忧虑所持的积极信念

1._____

_____

2._____

_____

3._____

_____

辩方律师：支持忧虑

如果确认自己的某些特定忧虑是有用的，你就可以着手列出所有支持这个信念的证据，为忧虑拟辩护词了。你可以就这些特定忧虑问自己一些问题，有很多问题在这个过程中非常有用。接下来，我们会就这5个常见信念列出一些有用的问题，并提供一些具体的例子，然后大家可以用同样的方法进行练习。

忧虑是一种积极的人格特点

例子：忧虑孩子们的安全表明我是一个慈爱的好母亲。

是否有具体例子可以证明，这种忧虑促使我以一种积极的态度行事？

有几次，我很担心孩子们独自在外玩耍时会遇到危险。出于这种担心，我总是陪着他们一起玩耍。这表明我是一个慈爱、关怀的母亲。

有没有人说过我的这种忧虑是积极的？

很多朋友和家人都告诉过我，说我对孩子们付出了很多。

有没有其他人用实际行动证明，这种忧虑是我的一种积极人格特点？

附近有很多家长都很放心让我帮他们看孩子。还有一些家长就如何照顾孩子询问我的意见。

忧虑有助于解决问题

例子：对工作任务的忧虑让我可以预见问题并有效地解决它们。

有没有具体例子证明这种忧虑帮助我发现并解决了问题？

上周，我的上司让我接手一个很复杂的项目。由于之前我对这个项目就有很多忧虑，所以才能制订出一个详细的计划并完成它。如果我不曾感到忧虑，可能会对这个新项目束手无策。

有没有例子证明，因为我之前忧虑了，所以为解决某个困境做了更充足的准备？

当我接到一项新任务时，通常会很担心出差错。有几次任务确实出了问题，但因为我提前考虑过，所以能够快速地拿出解决方案。

我经常会担心公司里正在进行的大部分项目，并不仅限于我负责的那些项目。有几次，同事请我帮忙解决他们在自己的项目中遇到的问题。正是因为我提前考虑过所有可能发生的问题，所以能够快速地拿出解决方案帮助这些同事。

忧虑能够提供动力

例子：对考试的忧虑能激励我努力学习并在学校里表现良好。

有没有例子可以证明，这种忧虑能激励我采取行动？有没有一些如果我不曾忧虑可能就不会去做的事情？

这学期我很担心自己的化学期末考试。正是因为这种担心，我在考试的前一个月就制订了学习计划。

因为担心自己在学校里表现得不好，我每天都会额外用两个小时学习。

忧虑让人免受消极情绪困扰

例子：对亲人的健康的忧虑让我做好了准备，假如他们出事了，我也能应对那些悲伤和痛苦。

有没有例子可以证明，这种忧虑能帮助我应对困境？

去年，我父亲做了心脏手术。因为之前担心过他生病或需要做手术的情况，所以当看到他躺在医院时，我才能更好地应对。如果不是之前担心过，我可能无法正常地生活和工作。

有没有例子证明，因为之前我忧虑过，所以更有可能很好地处理消极情绪？

上个月，我的姐姐发生了车祸，在医院里待了一个多星期。我想，如果不是在车祸前就担心过她的健康和安全问题，我可能会因此崩溃。

忧虑可以阻止消极结果

例子：每一次我的丈夫出差时，如果我为此感到忧虑，他就会安然无恙地回来。

有没有例子证明，因为我之前忧虑了，好事就发生了？

上个月，我的丈夫因工作原因飞去蒙特利尔，之后再飞到芝加哥。在整个飞行期间，我都很担心他的安全。正是因为我担心了，所以最后什么坏事也没发生，他安全抵达了所有目的地。

有没有例子证明，因为我之前没有忧虑，坏事就发生了？

几个月前，我的丈夫因工作原因开车出城，回来的路上车轮爆胎了。我不知道他那天的行程，如果我提前担心过这次外出，他可能就不会遇到这种情况。

练习 4.2 寻找支持忧虑有用的证据

利用你自己的亲身经历，列出具体的证据支持"忧虑有用"这个论点。选择一个你在练习 4.1 中列出的忧虑，用练习中提供的问题帮助你找到支持这一论点的证据。

练习中包括了前面提到的与 5 个常见信念相关的所有问题。你可以自行决定回答哪些，并且可以按照个人实际情况忽略那些与你的信念不相干的问题。此外，请大家注意，我们提供这些问题的本意是希望对大家有所帮助。你也可以列举出任何一项你认为能证明忧虑有用的证据。

忧虑：_____

_____

证明忧虑有用的证据

忧虑是一种积极的人格特点

是否有具体的例子可以证明，这种忧虑促使我以一种积极的态度做事？

_____

_____

有没有人说过我的这种忧虑是积极的？

_____

_____

有没有其他人用实际行动证明，这种忧虑是我的一种积极人格特点？

_____

_____

忧虑有助于解决问题

有没有具体的例子证明，这种忧虑帮助我发现并解决了问题？

_____

_____

有没有例子证明，因为我之前忧虑了，所以为解决某个困境做了更充足的准备？

_____

_____

忧虑能够提供动力

有没有例子可以证明，这种忧虑能激励我采取行动？有没有一些如果我不曾忧虑可能就不会去做的事情？

_____

_____

忧虑让人免受消极情绪困扰

有没有例子可以证明，这种忧虑能帮助我应对困境？

_____

_____

有没有例子证明，因为之前我忧虑过，所以能更好地处理消极情绪？

_____

_____

忧虑可以阻止消极结果

有没有例子证明，因为之前我忧虑了，好事就发生了？

_____

_____

有没有例子证明，因为我之前没有忧虑，坏事就发生了？

_____

_____

支持这种忧虑的其他证据

_____

_____

公诉律师：反对忧虑

你已经呈上了支持忧虑有用的证据，现在可以去看看硬币的另一面了。在这一部分中，我们将找出那些反对忧虑有用的证据。同样，我们对忧虑有用的 5 个常见积极信念中的每一个都准备了几个有用的问题。为了让这个过程更清楚，我们使用的例子和前面的相同。然后，我们会再次让大家用同样的方法，选择一个特定的忧虑进行练习。

忧虑是一种积极的人格特点

例子：忧虑孩子们的安全表明我是一个慈爱的好母亲。

有没有证据表明，在提前没有担心的情况下，我同样表现出了这种积极的人格特点？

有时候，我会做一些事情保证孩子们的安全，但并没有提前感到担心。例如，过马路时我会牵着他们的手，一上车就给他们系上安全带。

　　我是否认识有这种积极人格特点但并不忧心忡忡的人？如果有，这个
人是怎么展示这种特点的？

　　我有一个邻居，她是一个很棒的母亲。她对她的儿子非常慈爱、关心，
而且她肯定不是那种过度忧虑的人。她用实际行动表现了这种人格特点。
我看到她对儿子很用心，还看到她处处关心儿子的安全。她好像做了很多
我也在做的事情，只不过并不像我这样总是忧虑一些事情。

　　我是否也曾把忧虑视为消极的人格特点？

　　有时候我发现，自己不能好好享受和孩子们在一起的时光。通常我的
大脑里都是各种担心，以至于和孩子们在一起的时候，我可能会不耐烦或
者脾气急躁，而不是充满爱心和关怀。

　　有没有其他人告诉过我，我的这种忧虑是一种消极的人格特点？

　　孩子们曾经跟我说过，我似乎常常心事重重或心不在焉，他们觉得这很
令人讨厌。

　　我的丈夫有时候会驳斥我对孩子们的担心，并说我是一个容易忧虑的
人。当他这样说的时候，我知道他并不赞成我这样做。

忧虑有助于解决问题

　　例子：对工作任务的忧虑让我可以预见问题并有效地解决它们。

　　忧虑的时候，我真的把问题解决了吗？还是只在大脑中把它们过了一
遍？也就是说，我是否把想法（忧虑）和行动（解决问题）混为一谈了？

　　我对工作中大部分问题的忧虑并不是对实际问题的忧虑，而是对潜在
问题及其消极结果的忧虑。

　　虽然我花了很多时间思考如何应对问题，但似乎并不是总能解决它们。

对这些问题的担心是否曾妨碍了我解决问题的能力？我是否曾因忧虑而拖延或回避问题？

有几次，由于太过担心和焦虑，我确实在工作中有所回避。有时候也会拖延或者让别人去做。

上周，我头脑里都是对工作中可能出现的问题的担心，导致工作进度落后，错过了最后期限。

忧虑能够提供动力

例子：对考试的忧虑能激励我努力学习并在学校里表现良好。

我是否认识一些充满动力但不会过度忧虑的人？

我有一个朋友是优等生，他就不会过度忧虑。他会动力十足地为考试制订学习计划、完成所有指定的阅读并且参加所有课程。

这种忧虑是否曾妨碍了我完成事情的能力？

在上次考试中，我复习得很辛苦。由于担心考试失败，我在复习的时候注意力很难集中。

我是否曾经回避或推迟做让自己担心的事情，而不是被激励采取行动？

在写期末报告的时候，有时候我会拖延，因为一想到要写报告，而且成绩还不太理想，我就很焦虑。

由于担心学不好化学，我最终放弃了这门课程。

忧虑让人免受消极情绪困扰

例子：对亲人的健康的忧虑让我做好了准备，假如他们出事了，我也能应对那些悲伤和痛苦。

担心的坏事是否真的发生过？如果确实发生过，我真的会因为之前担心过而感到不那么难过吗？

当父亲因心脏病发作住院时，我真害怕他挺不过来。我不认为因为担心过他的健康就真的不那么难过。

是否发生过由于我没有提前担心所以坏事发生了？如果确实发生过，我是否能够应对并在情感上接受？

几年前，我的姐姐从楼梯上摔了下来，扭伤了脚踝。我以前没担心过这种情况。尽管我当时心乱如麻，不太确定该做什么，但还是能够把事情处理得很好。我首先打电话叫了医护人员，然后帮助她躺在沙发上，把她的脚放在垫子上，直到医护人员赶到。总体来说，我认为自己保持了头脑清醒，并且很好地应对了当时的局面。

在日常生活中，当担心不好的事可能会发生时，我的情绪如何？

每当有家人去度假时，我就会在他们离开后感到焦虑、紧张，因为担心他们在外面会发生什么不好的事情。如果家里有谁回来晚了或打不通电话，我也会感到紧张、担心。为此，我常常感觉肌肉紧张、烦躁不安，尽管并没有什么不好的事情发生。这种感觉如此频繁地出现，实在让人感到心力交瘁。

忧虑可以阻止消极结果

例子：每一次丈夫出差时，如果我感到忧虑，他就会安然无恙地回来。

有没有例子证明，就算我感到忧虑，坏事还是发生了？

几周前，我的丈夫飞往旧金山出差。尽管在出差期间我很担心他，他还是得了重感冒。

有没有例子证明，即便我没有忧虑，好事还是发生了？

有几次，我的丈夫临时出差，在不知道他的行程的情况下，我没法产生特定的忧虑，但是他的所有行程都很安全，毫无问题。

练习 4.3　寻找反对忧虑的证据

用和练习 4.2 类似的方法，找出反对忧虑有用的证据。采用和前面的练习相同的忧虑内容，用你的亲身经历为例，找出反对这种忧虑的证据。

我们把前文提到的针对 5 个常见积极信念的所有问题都列在下面，你可以用它们质疑你对忧虑所持的积极信念，当然，你也可以提出一些你自己想出来的问题，忽略那些与你的情况不相关的问题。

忧虑：_____

_____

证明忧虑无用的证据

忧虑是一种积极的人格特点

有没有证据表明，在提前没有担心的情况下，我同样表现出了这种积极的人格特点？

_____

_____

我是否认识有这种积极人格特点但并不忧心忡忡的人？如果有，这个人是怎么展示这种特点的？

_____

_____

我是否也曾把忧虑视为消极的人格特点？

_____

_____

有没有其他人告诉过我，我的这种忧虑是一种消极的人格特点？

_____

_____

忧虑有助于解决问题

忧虑的时候，我真的把问题解决了吗？还是只在大脑中把它们过了一遍？也就是说，我是否把想法（忧虑）和行动（解决问题）混为一谈了？

_____

_____

对这些问题的担心是否曾妨碍了我解决问题的能力？我是否曾因忧虑而拖延或回避问题？

_____

_____

忧虑能够提供动力

我是否认识一些充满动力但不会过度忧虑的人？

_____

_____

这种忧虑是否曾妨碍了我完成事情的能力？

_____

_____

我是否曾经回避或推迟做让自己担心的事情，而不是被激励采取行动？

_____

_____

忧虑让人免受消极情绪困扰

担心的坏事是否真的发生过？如果确实发生过，我真的会因为之前担心过而感到不那么难过吗？

_____

_____

是否发生过由于我提前没有担心所以坏事发生了？如果确实发生过，

我是否能够应对并在情感上接受？

_____

_____

在日常生活中，当担心不好的事可能会发生时，我的情绪如何？

_____

_____

忧虑可以阻止消极结果

有没有例子证明，就算我感到忧虑，坏事还是发生了？

_____

_____

有没有例子证明，即便我没有忧虑，好事还是发生了？

_____

_____

对忧虑用处的一般性质疑

与此主题有关的忧虑是否对我和家人及朋友的关系产生了负面影响？

_____

_____

与此主题有关的忧虑是否影响了我的工作或学习表现？

_____

_____

与此主题有关的忧虑是否对我造成了情绪或其他方面的伤害，如带来压力或使我感到疲惫？

_____

_____

与此主题有关的忧虑占据了我多少时间和精力？

_____

_____

反对忧虑有用的其他证据

_____

_____

法官：审查证据

在这一部分中，你扮演的是法官角色。法官角色需要做什么呢？你要对这些证据进行整体审查，然后判断你的忧虑是否真的像看上去那么有用。记住，这个练习的目的不是证明你的信念是错误的，而是为了审查一下你对忧虑的看法，并最终决定这些看法是否完全正确。

把支持和反对某一信念的所有证据都罗列在一起，这样做的一个好处就是能让你看到一些平时没注意到的东西，包括存在的一些矛盾。许多来访者惊讶地发现，他们经常列出一些相反或互相矛盾的证据。现在就让我们来看一看，在本章所举的例子中存在的一些自相矛盾之处。

例子：忧虑孩子们的安全表明我是一个慈爱的好母亲。

支持证据

很多朋友和家人都告诉过我，说我对孩子们付出了很多。

反对证据

孩子们曾经跟我说，我似乎常常心事重重或心不在焉，他们觉得这很令人讨厌。

我的丈夫有时候会驳斥我对孩子们的担心，并说我是一个容易忧虑的人。当他这样说的时候，我知道他并不赞成我这样做。

矛盾

证据表明，尽管被视为容易忧虑的人可能是肯定的，但有时也是否定的。

例子：对考试的忧虑能激励我努力学习并在学校里表现良好。

支持证据

因为担心自己在学校里表现得不好，我每天都会额外用两个小时学习。

反对证据

在上次考试中，我复习得很辛苦。由于担心考试失败，我在复习的时候注意力很难集中。

在写期末报告的时候，有时候我会拖延，因为一想到要写报告，而且成绩还不太理想，我就很焦虑。

矛盾

证据表明，有时候忧虑可以促使我努力学习，但也会产生诸如干扰我的专心程度、导致我推迟完成学习任务等消极影响。

你从这些例子中可以看到，对同样一个信念，会产生截然相反的证据，这是非常普遍的现象。你可能也有类似第一个例子的经历，比如，人们会因为你是一个容易担心的人而赞扬你，但同样因为你是一个容易担心的人，在你提出自己的忧虑时往往也会被他人反对。所以，成为一个容易担心的人有时候是积极的，有时候又是消极的。在审查所有证据时，当你发现存在支持相反论点的矛盾经验时，这可能意味着忧虑并不像你原来认为的那样有用。

练习 4.4　找出证据中的矛盾

花一点时间复习一下你在练习 4.2 和 4.3 中所写的内容，看看是否存在关于某一特定信念的矛盾证据。记住，我们并不是说矛盾一定会存在。你要认真审查所有支持及反对忧虑的证据，本次练习只不过是审查过程的一部分。

忧虑：＿＿＿＿＿＿＿＿＿＿＿＿＿＿＿＿＿＿＿＿＿＿＿＿＿＿＿

＿＿＿＿＿＿＿＿＿＿＿＿＿＿＿＿＿＿＿＿＿＿＿＿＿＿＿＿＿＿＿

支持该信念的证据

＿＿＿＿＿＿＿＿＿＿＿＿＿＿＿＿＿＿＿＿＿＿＿＿＿＿＿＿＿＿＿

＿＿＿＿＿＿＿＿＿＿＿＿＿＿＿＿＿＿＿＿＿＿＿＿＿＿＿＿＿＿＿

反对该信念的证据

＿＿＿＿＿＿＿＿＿＿＿＿＿＿＿＿＿＿＿＿＿＿＿＿＿＿＿＿＿＿＿

＿＿＿＿＿＿＿＿＿＿＿＿＿＿＿＿＿＿＿＿＿＿＿＿＿＿＿＿＿＿＿

矛盾

＿＿＿＿＿＿＿＿＿＿＿＿＿＿＿＿＿＿＿＿＿＿＿＿＿＿＿＿＿＿＿

＿＿＿＿＿＿＿＿＿＿＿＿＿＿＿＿＿＿＿＿＿＿＿＿＿＿＿＿＿＿＿

＿＿＿＿＿＿＿＿＿＿＿＿＿＿＿＿＿＿＿＿＿＿＿＿＿＿＿＿＿＿＿

评估忧虑的利弊

每次思考一个重要的决定时，你可能都需要好好权衡这个决定的利弊。在我们试图判断忧虑是否有用时，同样要对其利弊思量一番。毕竟，当你打算付出时间和精力去减少忧虑时，必须将这个决定建立在清楚的理解之上，也就是说，你需要明确地知道，如果不再忧虑，你得到的好处一定会比继续忧虑多。

为了对此做进一步探讨，我们用一个前面提到的例子——对工作任务的担心是否有助于有效解决问题。

此忧虑的好处

- 通过对工作任务的忧虑，我能预期可能出现的问题，并计划好可能的解决方案，因此，这种忧虑的好处之一就是可以让我提前做好准备。
- 这种忧虑通常会促使我对特定工作进行全方位的考虑。上司和同事都说我考虑事情周全。因而我被认为是一个有责任心、注重细节的人，这是忧虑的好处之一。

- 对工作任务的忧虑使我感觉自己是一个对待工作严肃认真的好职员。

此忧虑的弊端

- 我常常花几个小时的时间忧虑那些在工作中可能出现但从未真正出现的问题。浪费时间是忧虑的显著弊端。

- 有时候，由于太专注于忧虑工作中那些可能出现的问题，导致我无法集中精力去完成手头的任务。有些同事注意到了这个现象，说我需要放松一点，少忧虑一点。

- 忧虑导致我很焦虑，有时候甚至会出现拖延或回避的情况。这确实让我的工作赶不上进度。

权衡利弊

将忧虑的利弊一一列出后，你就可以对它们进行综合权衡，然后判定这种忧虑有没有继续存在的价值。在我们举出的例子中，对工作任务的忧虑虽然有一些好处——赢得同事的赞誉、有助于为可能会发生的问题做好准备、让他人觉得自己是一个好职员等。但是，这些好处需要在生理和情绪上付出高昂的代价，因为忧虑的人会体验到显著的焦虑、不适以及注意力无法集中，同时还浪费了大量的时间。此外，这类忧虑似乎还产生了具有矛盾性的影响，因为它导致的拖延和回避会降低工作效率，甚至连同事们都建议例子中的主人公放松下来，不要那么忧虑。因此，他可能会最终判定这种忧虑弊大于利。

∽ 练习 4.5　权衡利弊 ∽

继续扮演法官的角色，一一列出你正在审查的忧虑的所有利弊。利用本章前面的练习中你给出的答案，包括对忧虑的一般性质疑（例如，忧虑对社交生活、工作或学习表现的影响，以及让你在时间、精力、生理或情绪方面付出的代价）。

忧虑：_____

_____

此忧虑的好处

_____

_____

此忧虑的弊端

_____

_____

做出判决

法官的最后一项任务，就是审查所有支持与反对的证据，判定你认为某一特定忧虑有用的信念是否成立。其中包括你列出的所有支持该忧虑有用的证据、所有认为此忧虑无用的证据、所有矛盾之处以及该忧虑的所有利弊。你也可以把练习 3.3 中忧虑减少后的所有得失包括进去。然后，把所有的证据都回顾一遍，问自己两个关键的问题：

- 认为此忧虑有用的信念是否准确？
- 此忧虑确实在生活中对我有用吗？

显然，需要考虑的信息太多了。如果要呈现一个完整的案例，会显得冗长而且重复，所以，下面我们只提供了一个简化版。

例子：因为经常担心家人的健康，即使有任何不幸发生，我也提前做好了应对悲伤和痛苦的准备。

支持此信念的证据

因为之前就担心过父亲的健康，所以当父亲做心脏手术时，我觉得自己还能应付。

姐姐发生车祸住院后，我觉得如果不是事前就担心过她的健康和安全问题，我肯定会崩溃。

反对此信念的证据

父亲因心脏病发作住院时，我真害怕他挺不过来。我不认为因为担心过他的健康就真的不那么难过了。

姐姐从楼梯上摔下来，扭伤了脚踝，虽然事前我并没有担心过这种事情，但还是能够保持头脑清醒，应对得还不错。

当家人迟迟不归或出门度假时，我会在他们不在的时间里一直焦虑、紧张，因为我担心他们会出什么事。正因如此，我经常会非常紧张、担心，尽管什么坏事都没有发生。

矛盾

如果事先担心过那些消极事件，当事情真的发生时，我的确感觉能应对得更好。但也有相反的证据表明，无论我是否担心过，当消极事件发生时，我可能还是会很难过。

此忧虑的好处

如果我不曾担心会有什么不好的事情发生在家人身上，当事情发生时我会感到内疚。

由于我在所有可能发生的消极事件真正发生之前就担心过，所以能就如何确保安全的问题给予家人一些建议。

我相信家人知道我有多爱他们，因为我是如此担心他们。

此忧虑的弊端

我会花很多时间考虑各种可能发生在家人身上的坏事。这让我非常心烦意乱，常常让我焦虑到无法集中精力做手头上的事情。

我的家人有时候会认为我很烦人。我会给他们打很多电话询问他们的行踪，要求他们去外地时要经常和我联系。他们说这让他们感觉很郁闷。

我很少去度假，因为不管什么时候出门，我都会因担心家中的亲人而无法享受旅行。

最后结果

如果不担心家人的安全问题，我就会有负罪感，而且我认为忧虑让我事事都能先一步考虑到，但是，弊端似乎大于好处。我想让家人知道我爱他们，但他们被我搞得心情低落。不但如此，当和他们分开时，我完全没办法享受生活。而且，一想到有什么不好的事情会发生在家人身上，我就会心烦意乱。因此，此忧虑的弊端大于好处。

最终判决

认为此忧虑有用的信念是否正确

不正确。认为担心家人就能让自己不受消极情绪困扰这个信念并不完全正确。在审查支持和反对这种信念的证据时，我看到当消极事件发生时，自己会非常难过、心烦，即使此前担心过这种事情。而且，我有过事前没有担心也能很好应付困境的经历。

在生活中此忧虑确实对我有用吗

不是。这种忧虑需要我付出高昂的代价。虽然我认为如果不担心这些事自己会有负罪感，但我不愿意反复查问家人的行踪导致他们心情低落。而且，我经常焦虑不安，总是想象那些可能会发生在家人身上的可怕场景，这让我非常心烦意乱。因为这些忧虑让我无法享受生活，同时也让家人无法享受生活。

∽ 练习 4.6　做出最后判决 ∽

现在，轮到你了。在下面画横线的空格处总结出你在本章得出的主要论点和证据，然后得出你认为忧虑有用或没用的结论。

忧虑：_____

_____

支持此信念的证据

_____

_____

反对此信念的证据

_____

_____

矛盾

_____

_____

此忧虑的好处

_____

_____

此忧虑的弊端

_____

_____

最后结果

_____

_____

最终判决

_____

_____

认为此忧虑有用的信念是否准确

_____

在生活中此忧虑确实对我有用吗

审核你的判决

从本章的各项练习中，你学到了什么？你有没有发现，你的忧虑其实根本没有用，而不再忧虑则好处很多？也许你已经发现忧虑并没有自己以为的那样有用，但仍然相信自己的忧虑还是有一些价值的，你并不愿意让它们消失。不管你怎样理解自身的忧虑或对它们的用处有什么看法，都会对你有所帮助，因为接下来这些认识会引导你一步步处理这些忧虑。

如果忧虑无用　如果本章的练习让你发现忧虑的作用并不大，这种认识可以减少你在消除它们时的犹豫不决。记住，只要你认为忧虑有用，想让它们减少就很难。

如果忧虑有用　如果在对所有信念都进行质疑之后，你发现这些忧虑确实具有一些益处或积极价值，那接下来就有一件很重要的事情需要你去做——寻找其他替代方式，让你无须忧虑也能得到从忧虑中得到的那些好处。换句话说，就是搞清楚如何才能在无须忧虑的前提下，让自己成为一个好人，一个能有效解决问题的人，并且积极主动、有能力应对消极事件。事实上，无论是否认为忧虑有用，你都可以无须真正忧虑但仍保留忧虑的好处。

关于本章的练习，还有一点需要考虑：和大多数 GAD 患者一样，你可能发现自己对忧虑的用处有不止一个信念，而且，有几个不同主题的忧虑看起来好像十分有用。记住，你这一生的大部分时间可能都处于忧心忡忡的状态，所以，如果出于不同的原因，你认为很多忧虑对自己有帮助就丝毫不足为奇。正因如此，我们鼓励大家把这些练习当作一项长期任务，经常选择不同的忧虑、不同的信念进行练习。当你发现自己特别不愿意让某种忧虑消失时，可以随时回来再次重复这些练习。

进入下一步

现在，你已经完成了对认为某种忧虑有用的信念的质疑，可能会问：接下来该干什么了？这本书剩余的内容将把重点放在具体的方法上，这些方法可用于控制忧虑并最终减少忧虑。不过，对那些认为忧虑有用的信念，还需要你不断地进行重新评估。你可能曾经认为忧虑具有积极的一面，我们并不奢望你现在就彻底改变这种看法，只是希望这一章能在你心里埋下一颗种子。我们是这样设想的：既然你已经掌握了相关知识，知道如何从大局着眼，看清忧虑是怎样影响日常生活的，就一定会继续搜集支持及反对那些信念的证据。这样一来，随着时间的流逝和经验的不断增加，本章种下的种子自然就会发芽、生长。

哀悼失去的忧虑

质疑自己对忧虑的信念是一个极其情绪化的过程，很多来访者都感受到了这个过程带来的冲击。正如我们在第 3 章中所说的，忧虑可能是一直陪伴在你的身边，放弃它也许很难。另一方面，你可能会为自己所浪费的时间或因忧虑而错过的经历感到悲伤或沮丧。不用担心，这些情感是完全正常的，有失落感也无可厚非。对有些人来说，这可能像是一段哀悼期，为你自己、也为你决定改变自己的人生。允许自己体验这些情感，但是，一旦你做好准备，就要继续前行，使用第 5 章中的方法，开始为自己打造一种不同的生活——一种没有过度忧虑的生活。

第 5 章

忧虑与来自不确定性的威胁

在第 1 章介绍焦虑障碍时，我们探讨了如何根据威胁的主题区分不同的焦虑。之所以采取这样的方法是因为，不管是哪种焦虑障碍，焦虑的感觉就是焦虑（如心跳加速、出汗或紧张不安）。所以，无论最初引发焦虑的因素是什么，它都能让精神卫生专业人员据此确定一个人的焦虑障碍类型。例如，如果某人有社交焦虑，威胁主题可能就是害怕来自他人的负面评价。你可能很想知道 GAD 的威胁主题是什么，虽然大多数焦虑障碍都有明确的威胁主题，但 GAD 不一样，引发焦虑的原因并不那么明显。

如果你患有 GAD，你忧虑的主题可能和普通人一样，只不过忧虑的程度更深而已。不仅如此，你担心的东西可能每天都不一样。例如，你今天忧虑的可能是工作，明天就忧虑财务或健康了。尽管这些忧虑看起来似乎毫无关联，但它们确实有一个共同的主题——来自不确定性的威胁。

对不确定性过敏

大量研究发现，GAD 患者对不确定耐受性低。对日常生活中的不确定，人们的耐受程度因人而异，但 GAD 患者的耐受性几乎为零。例如，那些耐受性高的人会觉得，在找到新的落脚点之前终止目前的租房合约是可以的。但是，对 GAD 患者而言，任何一种他们不能百分之百确定最终结果的情境都被视为有威胁的和难以接受的。

一般来说，对于生活中存在的各种不确定，没有过度忧虑的人具有更高的接受阈值。例如，如果此类人去朋友家吃饭，他们可能并不能百分之百确定自己会玩得开心，但对他们来说，这种情境中的少量不确定性是可以容忍的。与此相反，GAD 患者会更倾向于认为这次聚会具有一定的威胁性，因为该情境具有不确定性。

有一个很好的办法可以帮助大家更好地理解对不确定的不耐受性，那就是把它看作一种过敏反应。如果你对花粉过敏，一点点花粉就会让你产生强烈的反应。你可能会咳嗽、打喷嚏，眼睛发痒或流泪。GAD 的原理也是如此，如果你面临的是不确定的局面，即使只是一点点不确定，你都可能会产生强烈的反应。当然，GAD 的反应就是感到焦虑和过度忧虑。

忧虑怪圈

在第 1 章中我们提到，忧虑经常是由以下三种情境引发的。

- **不可预测的情境。** 在这种情境中，结果是不明确的（例如，去医生那里拿化验结果）。
- **陌生的情境。** 在这种情境中，你将要经历完全陌生的东西（例如，去一家新开的餐厅吃饭或开始一份新工作）。
- **暧昧不明的情境。** 在这种情境中，情境本身就无法明确定义（例如，上司要和你谈谈你的工作）。

这三种情境有一个共同之处——你无法确定将会发生什么。因此，情境的最终结果以及你该如何应对都是不确定的。正因如此，你很有可能会试图从心理上计划并做准备，因为所有可能发生的消极结果都是你担心的对象。

例如，假设朋友邀请你一起去上舞蹈课。如果你从来没上过舞蹈课，对你而言这就是一种完全陌生的情境，因而很可能会导致你忧虑和焦虑，如图 5-1 所示。

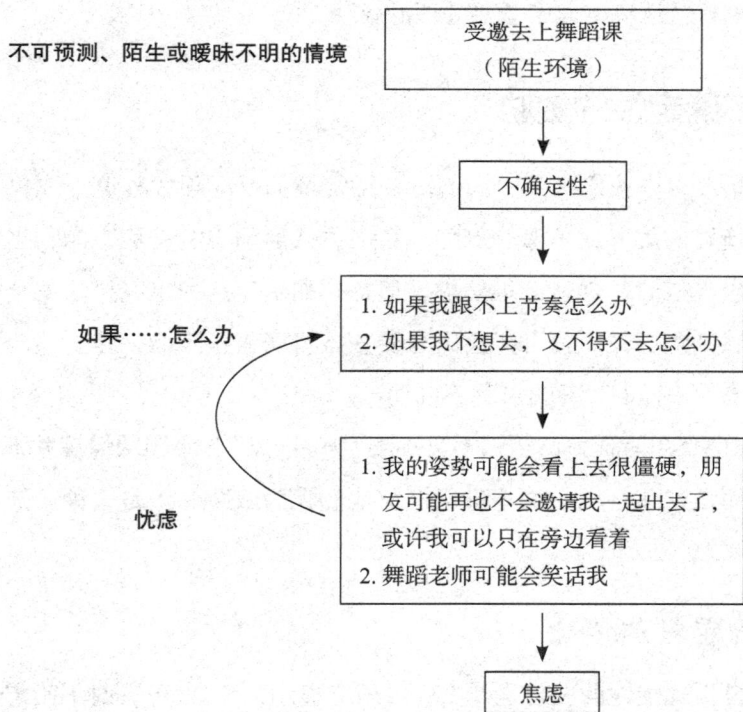

不可预测、陌生或暧昧不明的情境

```
┌─────────────────────┐
│   受邀去上舞蹈课      │
│   （陌生环境）        │
└─────────────────────┘
          ↓
    ┌──────────┐
    │ 不确定性  │
    └──────────┘
          ↓
```

如果……怎么办
```
┌──────────────────────────────┐
│ 1. 如果我跟不上节奏怎么办      │
│ 2. 如果我不想去，又不得不去怎么办│
└──────────────────────────────┘
          ↓
```

忧虑
```
┌──────────────────────────────────┐
│ 1. 我的姿势可能会看上去很僵硬，朋   │
│    友可能再也不会邀请我一起出去了，  │
│    或许我可以只在旁边看着           │
│ 2. 舞蹈老师可能会笑话我             │
└──────────────────────────────────┘
          ↓
      ┌──────┐
      │ 焦虑  │
      └──────┘
```

图 5-1　在 GAD 中，不确定性是如何引发焦虑的

　　每个人都会偶尔陷入这种忧虑怪圈。不过，考虑到你患有 GAD，那你就有可能在一天之中数次陷入这种怪圈，而且每天如此。为什么会这样呢？因为不确定性在日常生活中是固有的。你无法预知未来，所以总是会有一些出乎你意料、完全陌生或者有很多不明确因素的情境出现。你无法确定外地的家人或朋友是否会突然来访，你是否会在工作中接手新的项目，房东是否会重新装修你租住的房子，等等。如果你对不确定性过敏，只要遭遇这些不可预测、陌生或暧昧不明的情境，你就会产生忧虑反应。

　　这些情境是日常生活中无法逃避的一部分，既然如此，你可能会觉得很奇怪，为什么并不是每个人都过度忧虑呢？GAD 患者比其他人拥有更多导致忧虑的因素，就是他们会对日常情境中的不确定性产生消极反应，这种反应把日常情境变成了需要处理的威胁。

来自不确定性的威胁

在第 2 章中我们提到，人们对各种情境的反应很大程度上取决于他们对这些情境的解释或思考。例如，如果你认为坐飞机是危险的，当有人要求你乘坐飞机时，你就会很焦虑。但是，如果你认为坐飞机是安全的，你就不会感到焦虑，而且可能会因为要去旅行而兴奋不已。在上述两种情况中，情境是一样的，只是解释不同而已。

对 GAD 患者而言，遭遇不可预测、陌生或暧昧不明的情境并不是问题所在，而是这些情境中的不确定性被他们视为威胁，正是这种认知导致了忧虑和焦虑。

对不确定性的信念

来自不确定性的威胁是什么呢？研究显示，GAD 患者对不确定性及其后果持有一些消极信念，正是这些信念或解释导致他们把不可预测、陌生或暧昧不明的情境视为消极事件或威胁。确切地说，关于不确定性，人们有三种常见的消极信念。

信念 1：被迫承受不确定性是不公平的

大部分 GAD 患者认为，被迫面对日常生活中的不确定性是不公平、不可接受的。如果你持有这种信念，只要处于不确定的状态中，你就会心烦意乱。有一些来访者声称，他们宁可得到坏消息，也不愿意对将要发生的事情一无所知，因为未知让人更难受。

不管你对不可预测、陌生及暧昧不明的情境的最后结果有什么特定的预期，都不包括在这一信念之内。这些情境之所以被视为是消极的，与它们最后的结果无关，仅仅只是因为它们本身的存在。用这种态度看待不确定性的人通常认为，其他人不需要在生活中应付这么多不确定事件，或者认为有能力的人在日常生活中经历的都是比较容易预测、比较确定的事情。

信念 2：不确定性事件的结果会非常可怕

大部分 GAD 患者认为，那些不可预测、陌生或暧昧不明的情境最后的结果不只是不好那么简单，其消极结果会很可怕。例如，如果不慎把手机落在家里了，他们可能会认为自己错过了很多重要的电话或信息，那些想联系他们的人一定非常恼火。如果你持有这种信念，就不难理解你会认为任何一种具有不确定性的情境都是威胁了。

你也看到了，这一信念包括两种观点：陌生、暧昧不明和不可预测的情境极有可能导致消极事件；最后的结果会极度可怕且让人无法承受。所以，如果你不小心把手机忘在家里了，你不仅会认为将错过电话和信息（消极结果），还会认为这些错过的信息一定很重要，试图和你联系的人一定会很生气（严重的消极结果）。

信念 3：我无法应对那些意外的消极结果

大部分 GAD 患者认为，自己没有能力应对那些来自不可预测、陌生或暧昧不明的情境的消极结果。例如，如果他们开车去某个陌生的地方时迷路了，他们可能会认为要花几个小时才能找到路，或者认为自己会束手无策。

如果你持有这种信念，可能就会认为，当无法准确预知某个不可预测、陌生或暧昧不明的情境中将会发生什么时，就不可能针对那些意外的消极结果想出应对之策（确实如此）。但另一方面，你又感到害怕，因为没有应对计划就意味着处于困境时会彻底不知所措或应对失当。因此，忧虑变成了一种应对方法——它促使你着手计划如何应对一个可能会产生消极结果的情境，希望这样就可以避免陷入不知所措或应对失当的窘境。

对不确定性的信念产生的影响

对不确定性的信念会如何影响你的反应呢？为了弄清这一点，让我们再来看看上文提到的受邀上舞蹈课的例子。如图 5-2 所示，正是这些信念——不确定性是不公平的、不确定性事件会产生消极的结果、不确定性事件会让你无法应对——导致了忧虑和焦虑。

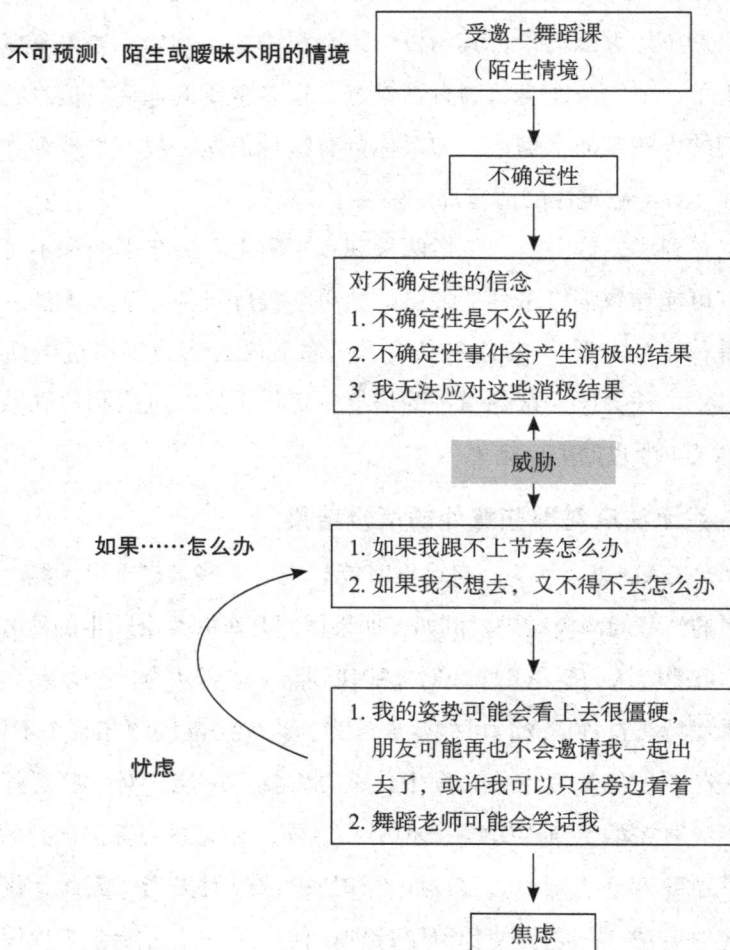

图 5-2 对不确定性的消极信念对 GAD 产生的影响

另一方面，如果你把不确定性视为生活中很平常的一部分，相信不确定的情境也许会有好的结果，并相信即使结果不好也足以应付，你的反应就会完全不同，如图 5-3 所示。在这种情况下，除了可能不会忧虑外，你甚至可能会因为要尝试新鲜事物而感到兴奋。

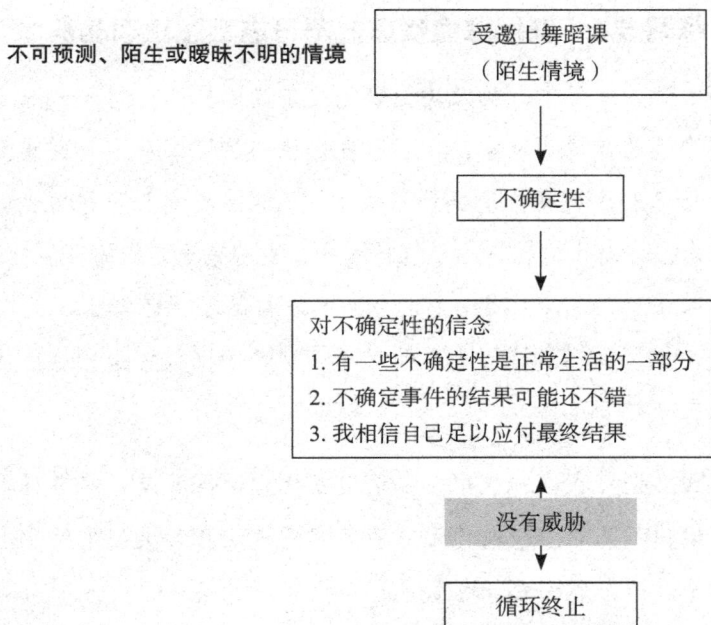

不可预测、陌生或暧昧不明的情境

```
                    ┌─────────────────┐
                    │   受邀上舞蹈课    │
                    │  （陌生情境）     │
                    └─────────────────┘
                             │
                             ▼
                    ┌─────────────────┐
                    │    不确定性       │
                    └─────────────────┘
                             │
                             ▼
    ┌──────────────────────────────────────┐
    │ 对不确定性的信念                          │
    │ 1. 有一些不确定性是正常生活的一部分         │
    │ 2. 不确定事件的结果可能还不错              │
    │ 3. 我相信自己足以应付最终结果             │
    └──────────────────────────────────────┘
                             │
                             ▼
                    ┌─────────────────┐
                    │    没有威胁       │
                    └─────────────────┘
                             │
                             ▼
                    ┌─────────────────┐
                    │    循环终止       │
                    └─────────────────┘
```

图 5-3　平衡信念对 GAD 产生的影响

认清你的忧虑模型

当面对陌生、暧昧不明及不可预测情境中的不确定性时，你的反应会引发忧虑，因此，识别情境中引发忧虑的不确定性因素及你对这些情境的信念很重要。

可能你已经注意到了，不确定是一个抽象的概念。当人们害怕一些东西，如飞行、处于狭窄空间或打针时，他们感到的威胁是非常明确具体的。

来自不确定性的威胁更多地与某个情境的性质有关，而不是情境本身。被邀请去上舞蹈课本身并不具有威胁性，是这种陌生情境中存在的不确定让人感到有威胁。因此，要确定你对不确定的不耐受性会在何时何地影响你的日常反应，是一件非常具有挑战性的事情。

练习 5.1　利用深度忧虑监测日志追踪诱因和信念

在第 1 章的练习中，我们让大家完成了忧虑监测日志，该练习旨在帮助你识别自己的忧虑。现在，你对引发忧虑的情境以及导致这些情境具有威胁性的信念有了更多的了解，可以开始更深层次地监测你的忧虑了。提醒大家注意，你对忧虑和焦虑了解得越多，成功克服它们的可能性就越大。

和练习 1.3 中的版本相比，这个监测表格除了记录诱因、忧虑内容及焦虑值外，还可以记录诱因类型及对不确定性的消极信念（这些信念可能与你的反应有关）。

- **诱因类型**　在这一栏中，记录引发忧虑的情境是否不可预测、陌生或暧昧不明的。即便你无法确定究竟是这几种类型中的哪一个，也尽量选择一个最适合的写下来。
- **对不确定性的消极信念**　在这一栏中，写下你对不确定性的信念，这个信念可能与你对某个情境产生的忧虑和焦虑有关。你是否在被迫忍耐不确定时觉得不公平？你是否认为这种不确定的情境会产生非常消极的结果？你是否感觉自己无法应对可能出现的消极结果？

和第 1 章中的忧虑监测日志一样，你不需要在每次忧虑出现时都记录下来。每天填 3 次表即可，至少坚持一周。只要勤加练习，你就会发现，越来越容易识别那些诱因、诱因类型以及情境中的不确定性引发的消极信念。下面我们举一个例子，向大家展示如何填写一天的深度忧虑监测日志。

深度忧虑监测日志（样表）

情境或诱因	诱因类型（不可预测、陌生或暧昧不明）	忧虑（如果……怎么办）	对不确定性的消极信念（不公平、消极结果、应对失当）	焦虑值（0~10）
瑜伽课要换新教练	不可预测	如果我不喜欢新教练怎么办？如果他教得很糟糕怎么办？我可能再也找不到另一个喜欢的课程了	不公平？是的 消极结果？是的 应对失当？是的	6
我给一个朋友发短信，她没有立刻回复我	暧昧不明	如果我说了什么惹她生气的话怎么办？如果她冲我发火怎么办	不公平？不是 消极结果？是的 应对失当？不是	3
我被调到新部门工作	陌生	如果我在新的部门不知道该干什么怎么办？我可能会不知所措，甚至丢掉这份工作	不公平？是的 消极结果？是的 应对失当？是的	8

下面这张空白表格是我们为你准备的。你还可以在一个小的笔记本或电子设备上自己设计一个类似的表格。我们建议你至少坚持练习一周。此外，在填写这个日志表的时候，记住我们在练习 1.3 中提供的 3 个小窍门：

1. 每天只需记录 3 次；

2. 以你的焦虑为线索；

3. 尽快记下你的忧虑。

深度忧虑监测日志

情境或诱因	诱因类型 （不可预测、陌生 或暧昧不明）	忧虑 （如果……怎么办）	对不确定性的消极 信念（不公平、消 极结果、应对失当）	焦虑值 （0~10）

重新看待对不确定性的消极信念

忧虑怪圈对不确定性的消极信念产生了很大影响。认识到这种影响的好处之一就是，让你在控制忧虑时有了一个明确的目标。具体来说，通过改变你对情境中固有的不确定性的解释，最终达到焦虑整体减少的目的。通俗地讲，这就意味着你不需要学习如何管理大脑中的每一种忧虑，只需要管理引发忧虑的始作俑者——对不确定性的信念——就可以了。这是一个好消息，因为你忧虑的东西每天都在改变，试图处理每一种忧虑既耗时又徒劳无功。所以，在接下来的几章中，我们将详细阐述你该如何改变对不确定性的解释——这些不确定性来自不可预测、陌生及暧昧不明的情境，同时改变你对不确定的理解——从具有威胁性到正常、可控，有时候甚至是生活中受欢迎的一部分。

第 6 章

识别安全行为

我们从第 5 章中了解到，对暧昧不明、陌生或不可预测情境的解释会影响你的认知和情感。在本章中，你还将了解到，对不确定的解释会如何影响你的行为。本章重点探讨如何识别你的安全行为（Safety Behaviors），即你为了减轻忧虑和焦虑而采取的具体行动。

理解安全行为

当感受到威胁时，你就会想保护自己，这是人类的一种本能。例如，如果深夜走在漆黑的街道上，当你感觉不太安全时，很可能会加快脚步想快点走出这片区域，或者寻找让你感觉安全的光明区域。这种行为方式同样适用于日常生活中那些会引发焦虑的情境。当你担心有不好的事发生时，可能会做一些事情让自己感觉不那么焦虑，并阻止让你害怕的结果出现。这类行为就叫作安全行为。

安全行为与忧虑不同，忧虑通常会让人体验到不可控，而安全行为是你经过权衡之后主动选择去做的，针对的是你遇到的具体威胁。例如，如果你害怕被困在电梯里，你的安全行为可能就是让别人陪你一起乘电梯，或者选择爬楼梯。

安全行为的功能

当你使用安全行为时，实际上是想一箭双雕：既想回避或消除一种具有威胁性的情境，又想减轻你对该情境的焦虑。安全行为的目标是让你在那一刻感觉好受一点，并借此回避消极事件，这确实有立竿见影的效果。例如，如果你受邀参加一个聚会，但你担心自己一个人也不认识，会因此而不自在，所以你可能会直接选择推掉邀请，这也是安全行为的一种形式。如果你决定回避这个聚会，就会立刻感觉舒服一些，不需要再担心会因在社交场合中没有熟人而感到不自在。不过，如果你最后还是决定去参加这个聚会，你的安全行为可能就是带一个朋友同去，到了聚会地点之后，只和这个人以及其他你认识的人说话。你以这样的方式既减轻了焦虑，又避免了与不认识的人说话时可能产生的尴尬。

从上面提到的两个例子（回避聚会或去了之后只与认识的人说话）中，你可能已经注意到了，安全行为主要有两大类型。第一类是回避（或逃避）型安全行为，这类安全行为的目标就是回避某个让你害怕的结果，或者让该结果延迟出现。它们的好处是，你的焦虑会立刻得到缓解，而且你逃避了与该情境有关的一切，包括结果——至少在短期内是这样的。第二类是趋近型安全行为，在这种行为中，你会进入一种会引发焦虑的情境，但会做一些事情阻止某个可怕的结果出现，或者减少该结果出现的可能。例如，如果你将驱车前往一个陌生的地点赴约，但非常担心自己会迷路，那你可能会提前一天去那个地方看看，或者带一个可以在迷路时为你指路的人同去。在这种情况下，虽然你要驱车前往陌生的地方，但是，通过提前探路或带一个人同行，你回避了让自己担心的情境，即可能迷路并错过约会，同时也减轻了自己的焦虑。

安全行为存在的问题

从表面上看，安全行为可能十分有用。它们可以减轻你此时此刻的焦虑，让你直接或间接地回避来自威胁情境的消极结果。然而，安全行为对你最初的恐惧产生的影响很可能会成为问题：它们不但不能减少你对特定情境的恐惧，反而会强化并维持这种恐惧。例如，如果你回避参加聚会，对这个聚会的焦虑感确实会大大减轻，但是，你对没有熟人在场的社交场合的恐惧感依然存在。在下一次被邀请去参加另一个聚会时，你可能会感到更焦虑。

安全行为存在的另一个问题是，它们阻止了你搞清楚该情境是否一定会出现你担心的结果，在第 2 章中我们说过，所有的想法都只是臆断，所以，那么它们可能是正确的，也可能不是。但是，如果你表现得似乎这些想法都是真的，那么它们就会让你觉得是真的。为了更好地理解这一点，我们来举个例子。假如你不得不做一个工作报告，你可能会很担心自己做不好，上司会对你的报告不满意。这时你可能会找一个借口，说明自己为什么不能在那天做报告，需要让另一个同事代替，这就是一种安全行为。在这种情况下，你会感觉自己似乎是逃过了一个不被看好的当众演讲。换句话说，你可能会认为，要不是采取了安全行为，你预期的消极结果肯定已经出现了。

问题是，你并不知道真正会发生什么。如果你真的做了报告，可能你的表现的确不够好。但是，也有可能你做了一个非常精彩的报告，给上司留下了深刻的印象，将来需要做工作报告的时候，这个经历会让你更自信。但是，因为你表现得似乎自己已经失败了，就会发自内心地相信这种结果确实会发生。这会使你对当众演讲的恐惧一直存在，而且会越来越强烈。

广泛性焦虑障碍中的安全行为

在让你感到有威胁的情境中，你用来保护自己的行为会因具体的威胁或恐惧而不同。在同样的情境中，不同的人可能会采用不同的安全行为，主要取决于他们恐惧的对象。假设你必须乘电梯去一幢 10 层大楼的楼顶，如果你害怕被困在电梯里，你的安全行为可能是爬楼梯。如果你有恐高症，你可能会搭乘电梯但会在到达楼顶时避免往窗外看。

在 GAD 中，由于威胁的主题是不确定的，所以你的安全行为具体针对的对象是不可预测、陌生或暧昧不明情境中的不确定性。GAD 患者的安全行为的目标就是回避、消除、减轻某个情境中不确定的方面。因为可能存在不确定因素的情境实在是太多了，所以，GAD 患者采用的安全行为也有很多类型。

趋近策略

在进入不可预测、陌生或暧昧不明的情境时，GAD 患者所采用的趋近策略千差万别，但目的都是尽量减少或消除不确定性。下面我们将讨论几种主要的趋近型安全行为。当然，这些安全行为的具体形式因人和情境而异。

过度寻求保证

GAD 患者会出于各种原因向朋友和家人寻求肯定。如果这是你采用的安全行为，你可能会发现自己常常向别人请教那些必须要做的决定或选择，而且会无数次地这么做。例如，你会反复向几个人征询意见，问自己是否应该购买某样东西（车、牛仔裤或鞋）；在做决定时询问其他人的看法（去看什么电影或何时去何地度假）。当然，每个人都会时不时地征求他人的意见，但是，如果在采取某个行动或遵照某个决定行事时，只要没有反复询问他人是否赞同，你就会感到焦虑不安，那么这种询问就变成了一种安全行为。

反复检查

反复检查包括对正在做的事情进行反复核对，以保证它们的正确性。例如，发邮件或短信之前，你可能会反复检查；信息发出后，你还要反复检查，确定自己没有写错什么或表达不清，以此减少不确定感；为了保证你写的论文或报告没有错误，你会反复阅读，达到"过分"的程度。

很多 GAD 患者还会反复检查家人的情况。你是否曾经在朋友或家人迟到或出门时，数次给他们打电话或发短信？如果你确实这样做了，这很可能就是一种安全行为，你用它来减少暧昧不明情境中的不确定——因为你不能百分之百确定你的家人是否安全，所以试图用反复检查消除自己的不确定感。

过度寻求信息

在对某事不能肯定，或者正在做某个决定时，你会四处搜集信息（现在通常是在网上搜索），这是另外一种趋近型安全行为。对 GAD 患者来说，搜集信息的过程可能非常冗长。当你不能肯定时，哪怕只是一个极小的决定或行动，你都会千方百计地搜集信息。例如，在决定购买一样东西之前，你会先去几个网店查询资料，然后亲自去多个实体店比较价格和质量；在订酒店之前，你会查询不同的酒店，阅读所有能够找到的评论；当发现身体出现小小的异样，如皮肤上长了一个痣或鼓了一个包，而你又不能肯定是什么时，就会上网搜索相关医疗信息。所有这些行为都是为了增加你在不可预测、陌生或暧昧不明情境中的确定感。再次提醒大家，虽然大部分人都会时不时地做这种事情，但是，如果在做一个决定之前，你要花费大量的时间，无所不用其极地获取尽可能多的相关信息，这可能就是一种安全行为。

过度列清单

很多 GAD 患者把自己视为全世界冠军级别的列清单小能手。他们可能会每天用长达一小时的时间列出一天的待办事项，或许还会在主要事项（例如，在家要做的事，在工作中要做的事，将来要做的事情，等等）下面列出几个分支。如果你这样做是为了减轻对每天待办事项的不确定感，百分之百确定自己不会遗忘任何一件要做的事情，那么，这可能就是一种趋近型安全行为。

事事亲力亲为

还有一种常见的安全行为就是拒绝将任务托付给他人。事事亲力亲为时，你就可以百分之百肯定这些任务都完成了，而且是按照你希望的方式完成的。你可能会发现，你更愿意自己做所有家务，比如洗衣服、铺床、洗碗等，这样你才能知道这些事情都以正确的方式做好了。你在工作中可能也是事事亲力亲为。然而，正如绝大多数安全行为一样，不让任何人帮助你做事情，最后的结果可能就是，你不得不耗费大量时间疲于奔命。减轻或消除不确定感本身就让人感觉像一份全职工作那么累人。

越俎代庖

除了拒绝将任务托付给他人，很多 GAD 患者还会努力帮助别人做事。如果你有孩子，你可能会在他们做家庭作业时在他们旁边转来转去；在比赛前帮助他们收拾运动的装备以保证不会落下东西；不管去哪里都亲自开车送他们去，因为这样你就不用担心他们不能安全抵达了。和家人、朋友在一起时，你可能会自告奋勇地为所有人准备食物，或者主动照管家庭财务，以保证一切都以正确、及时的方式进行。遗憾的是，这种过度保护往往会让其他人觉得你在吹毛求疵，尤其对孩子而言。

回避策略

前面我们描述了趋近型安全行为，就是在进入不可预测、陌生或暧昧不明的情境时，采取各种策略以减轻该情境中的不确定性。与之相反，回避型策略就是通过完全避开这些情境，或者尽量延迟进入这些情境以消除不确定感。

回避

很简单，回避型安全行为的一种明显形式就是回避。回避让你可以完全绕过某个不可预测、陌生或暧昧不明情境中的不确定性，只要不让自己置身于那个情境即可。回避可以有无数种形式。也许你会取消和会计师的会面，因为你不知道自己是否有钱交税；如果有人邀请你去一家新开的餐厅，你可能会决定不去，因为你不确定自己是否喜欢那里的食物；在健身房里，如果和某个教练不熟，你可能会回避他负责的健身课。

另外一种形式的回避是，在不可预测、陌生或暧昧不明的情境中，将决定权交给他人。例如，和很多朋友在一起时，你可能会让他们决定大家该干什么，因为你担心自己选择的活动别人会不喜欢，交出决定权就可以完全避免这种情况。

拖延

拖延是回避型安全行为的一种常见形式。它的好处在于，不需要你绞尽脑汁地回避什么，只需要将事情往后推就行了。例如，当你注意到一个非特异性症状，比如一颗痣或持续的胸口疼痛，在这种暧昧不明的情境中，医疗化验的结果是不确定的，因为这种不确定性，你可能会迟迟不去看医生。

拖延还可以是一种战略性的安全行为，因为迟迟不采取行动，最后时间所剩不多，你就没有太多时间担心那些已经做出的决定或者执行任务时的表现。有人发现，如果他们把工作推迟到最后一刻完成，就几乎没有时间瞻前顾后、处处担心了。

拖延的一个主要问题在于代价太高。如果你一直推迟进入那些不可预测、陌生或暧昧不明的情境中，可能会失去很多机会，其他人可能会对你心生恼怒，你回避的一个小问题可能会随着时间的推移变成大问题。

不完全投入

还有一种回避型安全行为是一种行为倾向，表现在对他人、情境或计划有所保留或不完全投入。例如，你可能会与朋友或恋人保持一定的距离，这样做很可能是因为关系是一种不可预测的情境，谁也无法保证长期的结果。对制订的计划你可能也持保守态度，包括不进行这本书中的各项练习。将一只脚留在门外的行为是一种策略，因为如果你对某件事情不是完全投入，当这件事情看上去行不通，或者这种情境的不确定性让人感觉束手无策时，你就可以尽快抽身。但是，这种策略也有缺点。例如，如果你总是和他人保持距离，可能会感到被孤立。尽管不完全投入可以让你免受消极后果的影响，但也阻止你充分享受积极成果。

冲动行事

生活中的很多决定都是不明确的。例如，如果你想在花园里种一些花，那种什么花比较好呢？大学里该选哪些课程才是正确的？这周末可看的电影哪部最好看？这类情境是暧昧不明的，因为没有正确答案。不同的人会有不同的答案，在你做出选择并进行尝试之前，根本没有办法确定什么才是对你最好的。一些 GAD 患者在面临这种暧昧不明的选择时，会凭一时冲动做决定，这就是他们的安全行为。

采用这种安全行为时，你的决定可能是快速而随机的，类似于靠抛硬币或掷骰子做决定。在做出决定后，哪怕进入了所选择的情境，你也无须承担任何责任，因为你的决定并没有经过深思熟虑。例如，如果某天晚上你不得不选择去一家餐厅吃饭，你可能会等到最后一分钟，然后随便选一家最近的。即使对这个决定不满意，你也不会觉得和自己有什么关系，因为你不应该对这个决定负责。而另一方面，当你没有认真做一个决定时，最后的成功也不会属于你。

这些安全行为不是很正常吗

很多来访者发现，这些 GAD 安全行为都是大部分人在日常生活中经常用到的。确实如此。几乎所有人都会列待办事项清单、去网上查信息、反复检查邮件或其他书写材料、拖延或回避某些事情，等等。事实上，在这些安全行为中有很多都可以被视为积极的。例如，如果害怕幽闭空间，你可能会爬楼梯而不是乘电梯、选择骑车而不是坐公交车。实际上爬楼梯和骑车都是值得推荐的健身活动。所以，它们怎么可能会是消极的呢？

原因并不在于行为本身，而是这些安全行为的动机是什么。对于安全行为，主要的问题是你为什么要这样做，而不是你做了什么。我们不妨把这个问题看作"选择去做"和"因焦虑而做"之间的区别。当你主动选择做某事时，这是一种偏好。例如，也许你早上喜欢做的第一件事就是洗碗和铺床，这样当你回到家时，家里就显得井井有条。但是，如果某天早上你起晚了，可能觉得略过这些活动也是可以的。虽然你更偏向于完成它们，但在条件不允许的情况下，也可以选择不做。而另一方面，你每天早上都要洗碗、铺床的行为可能源于焦虑，或许是因为担心会有人意外拜访，到时候家里乱成一团就太丢人了。在这种情况下，如果某天早上你起晚了，没有时间做这些家务，你就会变得非常焦虑，要么无论如何都要做完家务，要么心烦意乱满怀焦虑地离开。你甚至可能会在当天早早地回家做这些家务。

在这两种情况下，虽然你的行为是相同的（洗碗、铺床），行为背后的动机却大相径庭。当出于焦虑去做某事时，并不是你真正主动选择去做，而是被迫去做。从认知行为疗法的角度看，被焦虑驱动的行为正是值得治疗师下功夫的地方。治疗的目标就是，如果你以后决定继续做某件事情，是因为真心想去做，而不是因为觉得必须做。

练习 6.1　识别你的安全行为

现在，你已经知道哪些安全行为是 GAD 患者最常使用的，可以开始识别自己在日常生活中的安全行为了。首先利用练习 5.1 中的深度忧虑监测日志，找出你在应对忧虑时采用的安全行为，然后，在接下来的一到两周内继续监测它们。下面我们提供了安全行为监测表，要求每天至少填写 3 次，当你发现某件事情激发了自己的安全行为时，就立刻将它记录下来。先以你的焦虑感为线索，注意是哪种情境让你感到不自在，然后再留意自己是怎样试图减轻焦虑并应对该情境的。

你可以利用我们提供的空白表格。在正式练习之前，让我们先来看一个样表，理解具体应该如何操作。

安全行为监测表（样表）

情境	忧虑（如果……怎么办）	安全行为（你做了什么）
我给一个朋友发短信，她没有立即回复我	如果我说了什么惹恼了她怎么办？如果她冲我发火怎么办	我把所有信息重读了一遍，看看我都写了些什么（反复检查）。我还给其他朋友发短信，问他们我该怎么办（寻求保证）
瑜伽课要换新教练	如果我不喜欢新教练怎么办？如果他教得很糟糕怎么办？我可能再也找不到另一个喜欢的课程了	我不去上课（回避）
我被调至新部门工作	如果我在新的部门不知道该干什么怎么办？我可能会不知所措，甚至丢掉这份工作	我花了几个小时在网上搜索与新部门及其工作人员相关的信息（寻求信息）

安全行为监测表

情境	忧虑（如果……怎么办）	安全行为（你做了什么）

接下来，复习一下 GAD 安全行为清单，然后把你用来应对忧虑的策略写在下面。我们强烈建议你把使用了特殊策略的情况当作个人案例记录下来。了解自己在日常生活中采用了哪些安全行为有助于你对下一章内容的理解，因为下一章我们要学习的就是如何处理这些行为。

识别你的安全行为

过度寻求保证（在做决定时反复向别人寻求建议或肯定。）

你会使用这种策略吗？是____ 否____

个人案例

_____

_____

反复检查（一遍遍核对写下的材料、邮件或短信，确保没有错误；不确定家人和朋友在哪里或是否安好时，就打电话询问。）

你会使用这种策略吗？是____ 否____

个人案例

_____

_____

过度寻求信息（在做决定前努力从多个渠道获取信息，以确定自己该怎么做；过度搜寻信息，通常是在网络上搜索有关购物、医疗、攻略等资料。）

　　　　你会使用这种策略吗？是＿＿＿　否＿＿＿

　　　　个人案例

_____

_____

过度列清单（列出多个代办事项清单，通常是每天都这样做，而且需要很长的时间制订计划。）

　　　　你会使用这种策略吗？是＿＿＿　否＿＿＿

　　　　个人案例

_____

_____

事事亲力亲为（独力完成所有任务，不托付给他人，这样做的目的通常是为了保证事情能够按照自己想要的方式和时间完成。）

　　　　你会使用这种策略吗？是＿＿＿　否＿＿＿

　　　　个人案例

_____

_____

越俎代庖（不让他人做属于他们应该做的事，包括替孩子完成任务——即使这些任务是适龄的。）

　　　　你会使用这种策略吗？是＿＿＿　否＿＿＿

　　　　个人案例

_____

_____

回避（回避一些不可预测、陌生或暧昧不明的情境、活动或人；要求他人替你做选择或决定，以此回避责任。）

　　你会使用这种策略吗？是＿＿＿　　否＿＿＿

　　个人案例

＿＿＿＿＿＿＿＿＿＿＿＿＿＿＿＿＿＿＿＿＿＿＿＿＿＿＿＿＿＿＿＿＿＿＿

＿＿＿＿＿＿＿＿＿＿＿＿＿＿＿＿＿＿＿＿＿＿＿＿＿＿＿＿＿＿＿＿＿＿＿

拖延（当某个决定或任务属于不可预测、陌生或暧昧不明的情况时，迟迟不采取行动；刻意把任务或决定推迟到最后一刻，目的是在任务完成或决定做出后没有时间忧虑。）

　　你会使用这种策略吗？是＿＿＿　　否＿＿＿

　　个人案例

＿＿＿＿＿＿＿＿＿＿＿＿＿＿＿＿＿＿＿＿＿＿＿＿＿＿＿＿＿＿＿＿＿＿＿

＿＿＿＿＿＿＿＿＿＿＿＿＿＿＿＿＿＿＿＿＿＿＿＿＿＿＿＿＿＿＿＿＿＿＿

不完全投入（避免对关系、行为或决定负完全责任，目的是将消极结果的伤害降至最低。）

　　你会使用这种策略吗？是＿＿＿　　否＿＿＿

　　个人案例

＿＿＿＿＿＿＿＿＿＿＿＿＿＿＿＿＿＿＿＿＿＿＿＿＿＿＿＿＿＿＿＿＿＿＿

＿＿＿＿＿＿＿＿＿＿＿＿＿＿＿＿＿＿＿＿＿＿＿＿＿＿＿＿＿＿＿＿＿＿＿

冲动行事（刻意迅速、随机地做决定，这样即使结果是消极的，自己也不需要负主要责任，不会产生消极情绪。）

　　你会使用这种策略吗？是＿＿＿　　否＿＿＿

个人案例

_____

_____

　　你从第 4 和第 5 章中已经了解到，对不确定性的消极信念会导致忧虑，因为它们让你把那些不可预测、陌生及暧昧不明的情境解读为威胁。你还了解到，这些信念也会影响你的行为。遗憾的是，虽然安全行为的目的是为了应对忧虑，但它们却在不经意间使忧虑怪圈持续得更久。这是因为安全行为阻止你搞清楚那些不确定情境的结果是否真的非常消极，你是否真的无法应对可能出现的困难。在了解了这些知识后，下一章我们将讨论如何直接挑战你对不确定性的信念，检验一下如果不用你在日常生活中常用的那些安全行为，到底会发生什么。

第 7 章

检验你的信念

在我们的日常生活中，有很多情境都充满不确定性，对这些不确定性的消极信念会影响我们的认知（导致忧虑）、情感（产生焦虑）及行为（使用安全行为），在前面两章中，我们仔细探讨了这种影响是如何发生的。现在你已经知道，改变对不确定性的消极信念将产生显著的积极影响——你不会再把不可预测、陌生及暧昧不明的情境视为威胁；你不再忧心忡忡，焦虑明显减少，那些浪费时间的安全行为也很少再出现。在面对日常情境中的不确定性时，只要我们改变信念，就可以得到这么多好处，既然如此，下一个问题的出现就顺理成章了：怎么改变你的信念？

改变你的思维方式

要改变信念或思维方式，真正做起来可能会很棘手。有很多寻求 CBT 帮助的来访者都怀着这样的假设：他们的思维会被"重新编程"，或者可以学会如何"积极思考"。事实并非如此。要改变自己的思维方式，采用的办法和改变他人对某个问题的看法一样，也就是拿出一个具有说服力的事实让对方深信不疑。例如，假设你有一个朋友住在城里，你想让她相信住在乡下是更好的选择。那么你要怎样改变她的想法呢？不可能你说让她改变，她就真的改变了。你可以告诉她生活在乡间的一些好处：安宁、清静、更慢的生活节奏以及新鲜的空气。你还可以告诉她，城里的生活成本高、噪声大、污染严重。或许你还可以鼓励她去乡下度假，亲身体验一下那里的生活。如果你的论点和收集的论据很有说服力，那这位朋友可能就会改变她对乡村生活的看法。

要改变对日常情境中的不确定性所持的消极信念，我们也要用同样的方法。如果你想改变对不确定的看法，就不能只是简单地告诉自己要改变。首先你需要搜集一些证据，让这些证据告诉你，你目前对不确定性的信念是否正确地解读了那些导致忧虑的情境。

要搜集支持或反对某个信念的证据，最好的办法就是利用真实的经历。例如，如果你总是回避看牙医，因为认为治牙会很痛，为了验证这个信念是否正确，就需要你真的去看一次牙医。这样才有一个可靠的立场判断治牙是不是真的如你预期的那样疼。就这样，通过改变行为，你得到了以事实为依据的信息，这些信息可能会促使你改变信念。

有了这些认识后，你还可以用改变行为的方式搜集一些证据，以支持或反对你对不可预测、陌生或暧昧不明情境中那些不确定性所持的信念。具体来说，只需减少你的安全行为，你就可以知道，不确定性是否真的像你以为的那样消极、可怕。

行为实验

我们在介绍安全行为时提到，如果一直回避让你感到害怕的东西，会产生一系列的问题，其中之一就是，你可能永远都搞不清楚是否真的有让自己害怕的理由。例如，如果你认为乘坐飞机很危险，坠毁的可能性较高，那你很可能会回避坐飞机。可是，如果你从不坐飞机，甚至从不靠近机场，你又从何得知坐飞机是否安全呢？因为你从没有验证那些恐惧和信念是否正确，所以你很可能一直回避去机场、坐飞机。

不过，通过改变自己的行为，你可以搜集一些证据澄清这个问题：坐飞机是否真像你想象的那样危险？那么，要怎样改变行为呢？在这个案例中，你可以去机场看飞机起飞和降落，甚至坐飞机短途旅行一次。在 CBT 中，这种方法被称为"行为实验"（Behavioral Experiment）。在进行行为实验时，你可以先预测一下，如果身处一个让你恐惧的情境，会发生什么；然后特意进入该情境，看看到底会发生什么。通过这样的行为实验，你可以直接对自己的信念进行检验。

假设你认为自己在社交场合会感到不自在，而且不知道如何与他人交谈。如果你相信这就是事实，就会回避与他人说话，包括售货员和收银员，或者将交谈减少到最低限度，如只回答"是"或"不是"。在这种情况下，你的行为会阻止你发现实际上你是否能与他人交谈。对于这种恐惧，设计的行为实验可以包括在咖啡店里与收银员进行一个小小的谈话。你可能会预测对方不想跟你讲话，或者在你说话时把你当成一个奇怪的人，上下打量你。通过这种特意设计的实验，你将知道真正会发生什么，同时你还会知道你的预测是否准确，你的信念是否正确。

广泛性焦虑障碍中的行为实验

对 GAD 患者而言，安全行为是围绕着减轻、回避或消除不确定性展开的。但是，这些行为阻止了你弄清它们是否真有必要、关于不确定性的信念是否正确。例如，如果你因为担心迷路而回避新的路线，这种回避型安全行为确实成功地消除了这一不可预测情境中的不确定性。当你选择不走新路线时，就不再需要面对不熟悉路线带来的不确定感。你可能认为，自己避免了迷路这个消极结果，也避免了一旦迷路可能产生的不知所措、无法应对的感觉。其实，这两种让你担心的预测结果都可以用一个行为实验直接加以验证。

那么，该怎样围绕着这个忧虑展开行为实验呢？你可以驱车去一个就在附近但从未去过的地方。在此案例中，你预测的结果可能是迷路了，并且很难找到原来的路。行为实验会让你直接检验如下至少一个（也可能两到三个）对不确定性的消极信念。

- **此情境中的不确定性因素是否导致了消极的结果？** 在我们举的例子中，当你开车去不熟悉的地方时，是否真的会迷路？
- **如果消极结果出现了，情况会恶劣到什么程度？** 如果你迷路了，结果会是灾难性的吗？
- **如果消极结果出现了，你是如何应对的？** 最后找到路了吗？这是一个让人束手无策的困境吗？

GAD 中行为实验的目的是让你去调查两项内容：一是当存在不确定的情境时会出现什么结果；二是消极结果出现时你是否有能力应对。无论最后的结果是积极的还是消极的，你都可以获得一些与你的信念有关的信息。如果结果是积极的，你的行为实验可以按照如下方式展开。

实验： 我将开车去附近那家从没有去过的书店。

预期结果： 我会在去书店的路上迷路，就算最后能找到路，也需要花很长的时间。

实际结果： 我找到了书店，没有迷路。

应对： 无须应对。

这个行为实验要检验的信念是：情境中的不确定性因素将导致消极的结果。我们从上面的例子中看到，实验结果表明这种预测并不正确。因为最后的结果是积极的（没有迷路），你无须设法应对预期的消极结果。

现在，假设结果是消极的。

实验：我将开车去附近那家从没有去过的书店。

预期结果：我会在去书店的路上迷路，就算最后能找到路，也需要花很长的时间。

实际结果：我确实迷路了，在书店前面的路口迷路了。

应对：停车问路，发现过一个路口就到了，最后我找到了那家书店。

现在，实验结果可以让你对三个信念都进行验证。

- **此情境中的不确定性因素是否导致了消极的结果？** 是，也不是。我预测自己会迷路，后来确实迷路了。但是，我还预期会花很长时间才能找到路，其实只问了一下路人就很快找到了。

- **如果消极结果出现了，情况会恶劣到什么程度？** 其实没有那么恶劣。在问完路后，几分钟后我就找到书店了。

- **如果消极结果出现了，你是如何应对的？** 总体来说，我觉得自己应对得还不错。虽然迷路的时候有一点心慌，但我认为停车问路是一个好办法。我并没有被这种情况弄得不知所措。

行为实验中非常关键的一点就是，你不知道真正会发生什么。在上面的例子中，如果你开车去一个陌生的地方，用这样的方式检验自己的信念，最后的结果可能证明你是正确的，因为确实完全找不到路了；也有可能证明你是错误的，或者部分错误（迷路了但又轻松地找到了路）。就这样，行为实验可以帮助你用直接经验改变你对情境的看法。如果实验证明你的预测是错误的，你可能会开始接受不同的信念（例如，事实上自己能够驱车去陌生地方的）。如果你对此深信不疑，就不会再回避开车去一个新的地方，这样做的时候也不会产生忧虑——即使有也只是一点点。而另一方面，如果你的预测完全正确（你彻底迷路了，用了几个小时都找不到路），那你的行为可能会保持不变。即便如此，这个实验依然是值得做的，因为它会促使你制订一个计划，应对将来不得不开车去陌生地方的情境。

简而言之，行为实验让你得到了与某个情境相关的"客观"证据，这样你就不必只凭臆测做决定了。所以，如果你对某个情境的看法引发了很多焦虑，或者促使你做了一些降低生活质量的行为，最好检验一下这些想法是否真的正确。

设计自己的行为实验

为了设计自己的行为实验，你需要确定一些可检验的安全行为。你的第一个实验应该是小规模的，并有一个清楚的、易观察的结果。例如，由于担心会错过重要的事情，你总是频繁地检查手机以确定是否有新的信息，那你的实验可以设定为一到两个小时内不许查看手机。

实验：两小时内不查看手机。

预期结果：我会错过重要的电话或信息。

这是一个很好的入门级实验，因为你可以选择实验持续的时间（半小时、一小时、两小时、一整天），在结束的时候有一个明确的结果——当你最后查看手机时，会看到自己是否真的错过了重要的信息，结果是否真的是消极或灾难性的。下面还有一些很好的入门级的实验：

- 不看任何评论，选择去一家新餐厅吃饭或去看一部新电影；
- 点一份你从没有吃过的饭菜；
- 在买一件小东西之前几乎不搜索任何相关的信息；
- 在不向他人寻求保证的情况下做一个小决定；
- 给一个很久不联系的朋友打电话；
- 去商店时不带购物清单；
- 分配一个小任务给同事；

- 分配一个家务给某个家人；

- 给自己和朋友做一些安排（如果你总是回避对他人的安排）；

- 让他人在不事先询问你的前提下做安排（如果你是那种事事亲力亲为的人）。

行为实验小贴士

设计行为实验有时很具有挑战性，尤其是在你刚起步的时候。下面我们向大家介绍一些小技巧。

由小至大

在刻意去做一些能够引发焦虑的事情时，最好从相对容易的开始。例如，如果你怕狗，可以从看狗的图片或靠近幼狗开始。入门级实验引发的焦虑应该只是轻微到中度之间。你可以利用以往练习中用过的量表，按照 0~10 的标准衡量你在实验过程中的恐惧程度。你的目标是将焦虑程度控制在 4 或 5 以下。这样的话，实验会显得很具有挑战性，但也切实可行。成功地迈出一小步，比试图迈出一大步但最终失败要好。在获得更多自信后，你就可以尝试那些更具有挑战性的实验了。

在了解这些之后，还有一点也很重要——实验的数量也需要由少至多。当听说可以将自己对不确定性的消极信念付诸检验时，有很多来访者非常兴奋——这是可以理解的，他们跃跃欲试，希望能够在第一周内每天做不同的实验。有这样的动力固然很好，但是，当你刻意面对日常生活中的不确定时，就会发现，这个过程比你想象的要难得多，尤其是如果你人生的大部分时间都在试图回避不确定性。如果你计划做很多实验，但又不能全部完成，最后可能会感到气馁。但是，如果你原计划一周只做 3 个实验，最后却完成了 4 个，你就会为自己感到骄傲，更有动力在接下来的一周尝试更多实验。所以，采取由少至多的策略会让你成功的机会更大，然后你就可以逐渐增加数量，给自己设计更多的行为实验。

预期焦虑

在进行行为实验时，你是在刻意去做一些以往会回避的事情。正因如此，当你在做这些事情的时候，感到焦虑不仅是正常的，而且应该是意料之中的。我们经常告诉来访者，如果在进行实验时完全没有感到焦虑，可能是因为他们在无意中作弊了。例如，假设你们一家要去朋友家过夜，你决定让孩子们自己收拾行李（如果你总是担心孩子们会丢三落四，这是一个很好的实验，因为在这种情况下你的安全行为很可能是包办一切）。但是，如果你站在一边监督他们收拾行李，或者在收拾行李前提醒他们所有可能需要带上的东西，就是在破坏这个实验。因为这样一来你很可能不会感到焦虑，所以也不能从实验中得到什么。简而言之，如果你在做行为实验时感到焦虑，就证明你做对了。

重复实验

记住，行为实验的目的是，检验你对不可预测、陌生及暧昧不明情境中的不确定性所持的消极信念是否正确。因此，对那些结果是积极的实验，你可能需要重复进行几次，然后才能对结果做出切实的结论。例如，假设你决定在去商店时不带购物清单，以此验证自己是不是真如预测的那样会忘记买什么东西。实际结果可能是你并没有忘记任何东西。你可能会和大多数人一样，把这归因于运气。所以，即使结果是积极的，可能你也不会因此改变信念，因为这个实验你只做过一次。但是，如果你多次重复同样的实验，而且结果一直都是积极的，或者发现自己总是能够在消极结果出现时处理得很好，你可能就会改变信念，不再认为该情境中的不确定性是一种威胁了。

练习 7.1　检验你对不确定性的消极信念

鉴于你是初次尝试检验对不确定性的消极信念，我们建议你一周做大约 3 个行为实验即可。在你对开展行为实验的信心增加后，就可以计划每周完成更多实验了。你可以利用练习 6.1 中的安全行为监测表，它可以帮助你确定选择哪些安全行为来开展行为实验。我们在前面提醒过大家，在做本书的练习时，把过程与体验记录下来非常重要，它可以让你看到可能存在的固定模式，并在亲身经历的基础上得出结论。

行为实验开始后，将实验结果记录在下面的表格中。我们鼓励大家复印更多的表格，这样就可以把所有实验的结果都记录下来。这些资料可以帮助你追踪整个过程，而且还可以在以后的练习中派上用场。

下面的指南可以帮助你理解具体如何填写这个表格。

实验：实验开始前，在第一栏写下你准备怎么做，实验必须包括：1. 特意进入一个不可预测、陌生或暧昧不明的情境；2. 进入该情境时，不能采取任何可能会减轻或消除其不确定性的行为。

预期结果：同样是在实验开始之前，把你担心会发生的情况写在第二栏。

实际结果：在完成实验后，把事实上发生的情况写在第三栏；为了有助于追踪结果，除了描述结果外，你还可以注明该结果是积极的、消极的还是中性的。

应对：如果实际结果从某些方面来说是消极的，在第四栏中描述你是如何应对的；以及当事情进展不顺利时，你是怎么做的。

行为实验结果表

实验	预期结果	实际结果	应对
两小时内不查看手机	我会错过重要的电话或信息，对方会很生气	没有人给我打电话或发信息	无须应对
两小时内不查看手机	我会错过重要的电话或信息，对方会很生气	朋友发来信息，想改变今晚的计划	和朋友联系，确认新计划，她并没有提及为什么我没有及时回复信息

行为实验疑难解答

和 CBT 治疗师合作的好处之一就是，治疗师可以指导你设计行为实验，并且在实验进行得不顺利时及时排除故障。不过，如果你是完全靠自己，我们可以分享一些来访者常见的具体困难，以供借鉴。

实验中出现的困难

很多人一开始就会遇到困难：如何确定某个实验是否适合用来检验自己的消极信念？这是一个很普遍的问题。为什么会这样呢？虽然你每天都在使用大量的安全行为，但它们已经不留痕迹地融入到了你的日常生活中，要留意到自己正在使用这些行为并不容易。如果我们在本章中列举的那些入门级实验对你而言都不合适，那就再花一周的时间完成练习 6.1 中的安全行为监测表，在记录每一个安全行为时，都要用心观察自己的想法、感受及行为。以你的焦虑感为线索，注意是哪种情境让你感到不舒服，你又是如何试图减轻焦虑并应对该情境的。当你成功识别某种安全行为时，记住，即使你的入门级行为实验的规模很小也没关系。同样，不要认为自己必须立刻开展各种各样的行为实验，如果可能的话，你可以——也应该——对大部分行为实验都重复数次。

没有体验到任何焦虑

你可能会惊讶地发现，在故意不采取安全行为时，自己居然没有体验到任何焦虑。这种情况可能会在你下意识地用另一种安全行为取而代之时发生。当出现这种情况时，可能需要你调整自己的行为实验。例如，假设实验内容是在不事先过度搜索信息或寻求保证的前提下买一条牛仔裤，按计划，你要走进一家商店，买下你第一眼看到的那条牛仔裤。虽然这看上去可能是一个很好的实验（对有些人来说确实如此），但是，如果你完全没有体验到焦虑，那么可能实验过程中出现了一个并非有意而为的安全行为。把看到的第一条牛仔裤买下来是一个很仓促的决定（就像抛硬币一样），它不会引发焦虑是因为你不用为这个决定承担任何责任。在这样的情境中，要力求不偏不倚，遵循中庸之道。这句话是什么意思呢？就这个具体的实验而言，中庸之道就是你要先试穿两条或三条不同风格的牛仔裤，然后在不向他人寻求肯定的情况下选择其中一条。

如果你的行为实验是把任务委托给别人，也可能会出现这种问题。假设你在工作中通常是自己负责所有主要的项目，按照实验设计，你决定把一个项目交给同事，自己不去做协调工作。这也是一个让很多人都觉得不错的实验。但是，如果你在实验过程中没有体验到任何焦虑，这可能是因为当你将这个项目交出去时，就已经和它彻底脱离了干系，不需要对该项目的结果负任何责任。在这个实验中，中庸之道就是把这个项目委托给同事做，然后定期检查一下这位同事的工作进度——但不要就如何处理这个项目提出任何意见或忠告。

没有做实验的动力

由于行为实验会导致焦虑，所以，不太情愿进行尝试是再正常不过的事情了。很多来访者报告说，就是因为这个原因，他们没有动力把实验坚持下去。虽然这很容易理解，但在做事情的时候，如果要一直等到有足够的动力才开始，那效率就太低了。与常见的观点相反，动力并不是走在行动的前面，它是跟在行动的后面。只有当真正着手做一件事情之后（即使你并不想做），你才会开始感到有动力。例如，你可能没有动力去健身房，但是，如果你逼着自己去，随后你可能会为自己感到骄傲，这种骄傲会激励你继续去健身房。

如果因为动力不足，导致你很难行动起来开展实验，那就安排一个具体的时间或日期尝试一下，例如"星期三晚上，我要去附近那家从没有去过的泰国餐厅吃饭"。然后，执行这个计划，不管你到时候有没有动力。刚开始的时候，要咬牙完成设计好的实验可能具有一定的挑战性，但一旦有了动力（哪怕只有一点点），你就会发现有了更多走下去的勇气。

不用安全行为就坚持不下去

如果你数次尝试某个行为实验，但都因为不能使用安全行为导致焦虑程度升级而半途而废，那么，你正在做的这个实验可能对现阶段而言难度太大。记住，最好是从小实验开始，即使你认为那样小的步伐并不能让生活改变多少。一些来访者告诉我们，他们很想从有挑战性的实验开始，这样就能尽快看到自己的忧虑和焦虑得到改善。这个想法可以理解。但是，我们必须重申，成功地迈出一小步，比试图迈出一大步但最终失败更好。在使用这本书中的方法时，你的起点绝不是你的终点。虽然开始的时候实验规模很小，但随着时间的推移，你会开始进行规模更大、数量更多、更具挑战性的实验。无论开始的步子迈得有多小，都要对自己多一点耐心，把目标锁定为成功。

练习 7.2　回顾你的发现

我们建议你用数周的时间继续做行为实验，检验你对不确定的消极信念。然后，你就可以在这些实验结果的基础上得出一些结论。在每周结束的时候，找时间做一个阶段性的回顾，拿着你已经完成的行为实验结果表，评估一下到目前为止你的所有发现。在评估的时候，询问自己下列问题，把答案记录在下面的横线上，也可以写在纸上或电子设备上。

行为实验回顾

1. 实验结果与预期结果相同的情况出现的频率如何？

回顾一下每个行为实验的实际结果,然后回答下面的问题。

2.积极结果出现的频率如何? _____

3.中性结果出现的频率如何? _____

4.消极结果出现的频率如何? _____

当实际结果是消极的时,回答下面的问题。

5.和你预期的一样糟糕吗? 描述一下其恶劣程度。

_____

_____

6.你认为自己对消极结果应对得当吗? 描述一下你是如何应对的。

_____

_____

7.消极结果很难应付吗? 描述一下你的感受。

_____

_____

8.如果事先忧虑过,你认为有助于自己更好地处理这个情境吗? 描述一下你的忧虑对结果可能产生的影响。

_____

_____

9.检查一下你的答案,你可以得出哪些初步的结论? 对那些信念的正确性,你有什么想说的吗?

_____

_____

增加你对不确定的耐受性

如果把忧虑比喻成一辆车，给这辆车的发动机提供燃料的就是你对不确定性所持的信念。正因为如此，你需要给自己大量的时间，认真做本章提到的行为实验，这非常重要。只有当你有强有力的证据说服自己改变想法时，才会真的改变。就行为实验而言，首要的目标就是获取足够的证据，判断那些不可预测、陌生及暧昧不明情境中存在的不确定性导致消极结果出现的频率是否真的很高。在行为实验确实得出消极结果的情况下，你的目标就是判断这些结果是否会导致严重或灾难性的后果，以及你是否能够在没有被压垮的前提下应对该消极结果。你做的行为实验越多，就越有可能对从本书中所学的内容产生信心。我们希望你在日常生活中尽可能多地寻找机会检验你对不确定性所持的信念。根据我们的经验，当人们认识到，如果刻意把不确定性引入自己的生活，就会有机会探索接下来真正会发生什么，他们就可以设计出最佳的行为实验。在下一章中，我们将帮助你沿着这个方向继续前进。

第 8 章

接纳不确定性

如果让不确定性进入自己的生活，会有什么结果呢？对于这个问题，想必你现在已经深有体会。理想状态下，当完成一系列行为实验后，你已经明白，那些不可预测、陌生及暧昧不明情境中存在的不确定性并非如你认为的那样具有威胁性。不过，即使你现在真的有这样的领悟，本章的内容可能依旧会让你吃惊。我们邀请你考虑这个可能性：让生活拥有一些不确定性不仅是可以容忍的，事实上它们还可能是受欢迎的。认识到这一点后，我们将在本章帮助你扩展行为实验的范围，让你开始敞开怀抱接纳生活中的不确定性。

扩展行为实验的范围

有时候勇敢面对生活中的不确定确实颇有益处，不过，在具体探讨如何有益之前，我们希望你能让不确定性进入更多的日常生活领域，然后观察它们带来的影响，在这方面积累更广泛的经验。接下来我们将介绍一些不同的方法，帮助你扩展行为实验的范围，让你能更自信地将这些实验结果推广到几乎所有的生活情境中。

多样化

不确定性几乎存在于所有的生活情境中——工作、学习、家庭、社会交往，等等。对那些不可预测、陌生及暧昧不明情境中的不确定性，你肯定持有一些消极信念，那么这些信念的准确程度究竟有多高呢？为了最高效率地搜集与此有关的资料，最好在生活中的每个领域都展开行为实验。这会让你对日常生活中那些不确定情境的结果有一个大致的了解，也有助于你评估自己应对消极结果的总体能力——不管导致该消极结果的情境是什么。

用通俗的话说，就是把你的行为实验延伸到不同的生活领域。例如，假设到目前为止，你所有的行为实验都是正视工作情境中的不确定性，如将工作任务分配给他人、主动要求负责新项目或在不向他人寻求保证的情况下做决定。这些都是很好的实验。下一步你要做的就是在不同的环境中开展实验。这样一来，你就可以以家庭为背景，做一些与自己或家人相关的决定。例如，在不向其他人寻求保证的情况下独自决定晚餐做什么，或者让孩子们在没有你监督的情况下洗餐具。你也可以开始在社交生活中开展实验，例如，尝试参加新的活动，或者在不事先搜索相关信息的前提下看一场演出。下面的练习将帮助你开始将实验扩展到各个领域。

练习8.1　在其他生活领域开展行为实验

先花一点时间回顾一下迄今为止你做过的行为实验，然后判断这些实验分别属于下面哪一个领域。

- **与工作相关的实验**：包括工作任务、与同事或上司的互动、与工作有关的决定。

- **与学习相关的实验**：包括课堂作业、所选课程、论文题目、与老师或同学的互动。

- **与家庭相关的实验**：包括房子、家人、你自己及亲人的健康。例如，向家庭成员分配任务、在不提前列清单的前提下完成家务、做一些与家庭装修相关的决定。

● **与社交相关的实验**：包括与朋友们在一起的活动、尝试新鲜事物（独自或与他人一起）、做一些与社交情境相关的决定、减少寻求保证的行为。

你目前完成的行为实验是否大多属于上述一个或两个类型呢？如果是这样的话，你要在从未尝试过或只尝试过一两次的领域设计至少 3 个实验。

实验 1：＿＿＿＿＿＿＿＿＿＿＿＿＿＿＿＿＿＿＿＿＿＿＿＿
＿＿＿＿＿＿＿＿＿＿＿＿＿＿＿＿＿＿＿＿＿＿＿＿＿＿＿＿

实验 2：＿＿＿＿＿＿＿＿＿＿＿＿＿＿＿＿＿＿＿＿＿＿＿＿
＿＿＿＿＿＿＿＿＿＿＿＿＿＿＿＿＿＿＿＿＿＿＿＿＿＿＿＿

实验 3：＿＿＿＿＿＿＿＿＿＿＿＿＿＿＿＿＿＿＿＿＿＿＿＿
＿＿＿＿＿＿＿＿＿＿＿＿＿＿＿＿＿＿＿＿＿＿＿＿＿＿＿＿

现在，把这个练习视为头脑风暴。我们很快会要求你列一张新的行为实验清单，既包括长期实验，也包括短期实验，你可以将这 3 个实验列入该清单中。

不断"加码"

扩展实验范围的另一种方法就是"加码"。也就是说，现在你已经完成了不少小实验，可以开始设计更多、更有挑战性的实验了。例如，如果你总是为旅行而担心，而且此前的行为实验中有一个是在短途旅行的当天早上才收拾行李，而不是提前好几天就收拾好，那么，加码后的新实验该怎么设计呢？你可以在即将到来的假期中空出一天，针对这一天不提前做任何计划。如果你是在委托任务方面有困难，而且之前的实验中已经包括让孩子们在没有你监督的情况下洗碗，那下一步就可以让他们完成更难一点的任务，如为全家人准备一顿饭（假如孩子们已经达到了可以胜任这项工作的年龄）。

这类实验之所以被认为比那些入门级实验更高级是因为，在这些实验情境中，你担心的后果似乎更严重一些，也因而增加了实验的风险。例如，如果你在短途旅行当天才收拾行李，担心的后果无非是忘了带什么东西。不过，既然是短途旅行，你很可能觉得这种情况不足以引发太多的焦虑，因为很快就可以回家，就算缺少了什么也可以对付过去。而另一方面，如果对假期中的某一天完全不做任何计划，你担心的就是那一天会过得很不顺心，既浪费时间又浪费金钱，这个后果可能会让你感到更具威胁性。

练习 8.2　设定更具挑战性的行为实验

为了设计出更具挑战性的行为实验，最好回顾一下已经完成的行为实验。在第 7 章中，我们鼓励你从小规模的、会激发一定焦虑但可行性很强的实验开始。在下面的横线上写下你之前做过的一些实验，试着为每一个实验找出与之类似但更具挑战性的升级版。我们先举两个例子，它们可能会对你有所启发。

初级实验 1： 在检查孩子的家庭作业时，有意略过一个小项。

升级版实验 1： 一周内不检查孩子的作业（然后延长到两周），不去问孩子必须做哪些家庭作业（先是一天，然后一周，再延长到两周）。

初级实验 2： 手机关机一小时，这样就不知道是不是有人打电话或发信息。

升级版实验 2： 在外出买东西的几个小时里，把手机放在家里；出去一整天，把手机放在家里；把手机关机一整天。

初级实验 3：_____

_____

升级版实验 3:＿＿＿＿＿＿＿＿＿＿＿＿＿＿＿＿＿＿＿＿＿
＿＿＿＿＿＿＿＿＿＿＿＿＿＿＿＿＿＿＿＿＿＿＿＿＿＿＿

初级实验 4:＿＿＿＿＿＿＿＿＿＿＿＿＿＿＿＿＿＿＿＿＿＿＿
＿＿＿＿＿＿＿＿＿＿＿＿＿＿＿＿＿＿＿＿＿＿＿＿＿＿＿

升级版实验 4:＿＿＿＿＿＿＿＿＿＿＿＿＿＿＿＿＿＿＿＿＿
＿＿＿＿＿＿＿＿＿＿＿＿＿＿＿＿＿＿＿＿＿＿＿＿＿＿＿

同样，只把这个练习视为头脑风暴。我们很快会让你列一张新的行为实验清单，既包括长期实验，也包括短期实验，你可以将上面的升级版实验列入该清单。

针对特定恐惧

行为实验要测试什么？其实是在测试当有意面对不可预测、陌生或暧昧不明情境中的不确定时，是否真的会有消极结果出现。这样做针对的正是 GAD 中隐藏的主题：来自不确定性的威胁。但是，即便 GAD 患者对不确定的不耐受性是相同的，但你对不确定和消极结果的恐惧是独有的。当面对不确定性时，你认为最具威胁性的东西可能与其他人不一样。因此，设计一些为你的特定恐惧量身打造的、可持续进行的行为实验很重要。

失去控制

一些 GAD 患者把自己描述为控制狂，一旦无法直接控制情境，他们就会感受到威胁并产生焦虑。如果你有这种想控制的欲望，下列情境很可能会引发你的焦虑：将任务交给他人，参加不在计划中的社交活动，让他人做决定，等等。在上述所有的情况中，你把对情境的控制权交给了他人，因此无法确定事情会在什么时间、以什么样的方式完成，也无法确定最后的结果会怎样。

如果你发现放弃控制某些事对你而言足以引发焦虑，可以尝试做一些有意放弃控制权的行为实验。例如，你可以参加一个聚餐（参加者每人各带一个菜），在这种情况下你无法知道别人会带什么菜；你可以让其他人接手你的一项日常工作，不管是家务还是工作；你可以给某个家人一定的决定权，如如何整理橱柜、家庭装修该怎么做等。

害怕犯错

对有些人来说，如果让不确定性走进生活，那最令他们焦虑的就是自己可能会犯错。如果这是你的核心恐惧，那你很可能发现，对你而言做任何决定都艰难无比，不管是关于购物（比如衣服、电子设备或日常用品）、完成任务（如怎样在家里开通网络）还是社交事件（比如该为晚宴准备什么么、该和朋友去看什么电影）。那些害怕在不可预测、陌生或暧昧不明情境中犯错的人，总是担心选择错误就意味着浪费时间、精力或金钱（如果我现在买了这些郁金香球根，它们随后就降价了怎么办），还担心自己以后会后悔、心绪恶劣。

与这种恐惧相关的安全行为通常包括：过度寻求保证、为减少犯错的可能在做决定之前尽可能地搜集资料、拖延、不仔细考虑就仓促做决定。针对这种恐惧，一个好的行为实验包括在不过度寻求保证、不过度探究、不拖延、不冲动的情况下做出决定。

有些害怕犯错的人会在试图面面俱到（过度寻求保证和过度探究）与拖延或冲动行事之间摇摆不定。如果你认为很多决定都没有正确答案，这是有道理的。例如，如果你去问 10 个人，你家的墙最好该涂什么颜色，可能会得到 10 个不同的答案。有时候，针对一个决定搜集到的信息越多，你就越困惑，越搞不清楚哪一个是正确的抉择。然后，你可能会在仓促之间随便做一个决定，如买下第一条试穿就合适的牛仔裤，这样你就无须为一个糟糕的选择负责。

如果你的问题是害怕做抉择，一个好的行为实验就是进行"控制性决策"——在只能得到有限信息的前提下，做一个慎重的决定。这是一个介于过度寻求信息与完全凭冲动行事之间的中间地带，你的实验设计可能是先试穿三四双鞋，然后买下其中最喜欢的那一双。

∽ 练习 8.3　让行为实验成为一个持续的过程 ∽

现在，对自己能做哪些新的行为实验，你的心里应该已经有数了——可以跨越不同生活领域、更具挑战性、对恐惧更有针对性。你可以设计一系列的行为实验，既包括可以在目前开展的，也包括留待将来完成的。因为行为实验调查的主要是你面对不确定时的结果以及你应对消极结果的能力，所以，你最好在数周内持续进行行为实验，这一点很重要。唯有通过持续不断地练习，你才能收集到具有足够说服力的证据，来改变你对不确定性的消极信念及其带来的结果。

在本次的练习中，你需要列两张清单：近期实验和远期实验。从第一张清单中挑一些让你感觉比较可行的实验并具体执行。当你感觉从这些实验中获益匪浅时，就已经做好了进行更难实验的准备——也就是第二张清单中的实验。在这两张清单中，你都可以加入练习 8.1 和练习 8.2 中设计的实验。

接下来数周要做的新实验

实验 1：＿＿＿＿＿＿＿＿＿＿＿＿＿＿＿＿＿＿＿＿＿＿＿＿＿＿

＿＿＿＿＿＿＿＿＿＿＿＿＿＿＿＿＿＿＿＿＿＿＿＿＿＿＿＿＿

实验 2：＿＿＿＿＿＿＿＿＿＿＿＿＿＿＿＿＿＿＿＿＿＿＿＿＿＿

＿＿＿＿＿＿＿＿＿＿＿＿＿＿＿＿＿＿＿＿＿＿＿＿＿＿＿＿＿

实验 3：＿＿＿＿＿＿＿＿＿＿＿＿＿＿＿＿＿＿＿＿＿＿＿＿＿＿

＿＿＿＿＿＿＿＿＿＿＿＿＿＿＿＿＿＿＿＿＿＿＿＿＿＿＿＿＿

在练习 8.1 和练习 8.2 中，你设计的一些实验可能对现阶段而言还有一定的难度。不过，你要记住，你的起点绝对不是你的终点，所以，现在看起来有一定难度的实验，之后会变得更具有可行性。明白这一点之后，在下面的横线处列出你可能想在将来尝试的实验，比如独自旅行或不做任何计划的旅行；找一份新工作或回学校深造。

将来要做的实验

实验 1: _____

_____

实验 2: _____

_____

实验 3: _____

_____

～ 练习 8.4　审查证据 ～

现在你又增加了几周的行为实验经验，可以开始认真审查证据并得出一些一般性的结论了。在练习 7.2 中，也就是在设计并完成了初级行为实验之后，你就积极结果、消极结果及中性结果出现的频率，消极结果的严重程度以及你的应对能力回答了一些问题。现在，你有了更丰富的经验，可以用一些相似的问题对信念的准确性进行更充分的检验。

完成实验总数：　　　　　　　　　　　　　_____

积极结果出现的次数：　　　　　　　　　_____

中性结果出现的次数：　　　　　　　　　_____

消极结果出现的次数：　　　　　　　　　_____

消极结果与预期一样出现的次数：　　　_____

应对消极结果的次数：　　　　　　　　　　　　_____

应对得当的次数：　　　　　　　　　　　　　　_____

很多来访者惊讶地发现，他们对不确定性的消极信念通常都不准确。你可能也已经有了同样的发现。虽然有时候消极结果确实会出现，但出现的次数并不像你预料的那样频繁。当消极结果出现时，它们通常也不会像你预期的那样恶劣。而且，你可能还会发现，当消极结果出现时，绝大多数情况下你都能应对得很好。

以在本章及第 7 章完成的练习为基础，你还可以开始考虑另外两个问题：你对行为实验结果的整体印象是什么？这些练习对不同的生活领域有哪些影响？鉴于你一直在用行为实验帮助自己消除对不确定性的消极信念，所以，有必要花一点时间认真思考一下你在过去数周内积累的经验。下面这些问题可以帮助你清点这些经验。

- 自从开始行为实验以来，你是否注意到自己的生活发生了任何改变？
- 有没有一些情境曾经让你感到有威胁，而现在你却能很轻松地置身其中？
- 在某些情境中，如果你所用的安全行为减少了，你是否注意到自己有了更多空闲的时间或能够更迅速地做完事情？
- 你对自己应对消极结果的能力的看法改善了吗？你是否对自己驾驭不可预测、陌生或暧昧不明情境的能力更有信心了？
- 你的忧虑减少了吗？
- 你的 GAD 躯体症状有没有任何改变或好转？比如睡眠问题、易怒、肌肉紧张、紧张不安等？
- 有没有其他人注意到你的改变？

在我们的经验中，虽然所有人都认为在行为实验刚开始的时候很难，但大部分人都宣称自己很快就得到了回报。你可能会因尝试新鲜事物而产生成就感，可能会发现某些实验的结果让你很惊喜，这些都表明，勇敢面对不确定性是有好处的。

接纳不确定性，看到其好处

到目前为止，你一直在努力改变对不可预测、陌生及暧昧不明情境中那些不确定性的消极信念。从本质上说，你关注的焦点是对生活中各种不确定的耐受性。这样做其实是在假设不确定是让人不愉快的，是在暗示它们充其量也只是让人不得不学着去忍受的东西。但是，假如不确定是一种让人愉快的状态，实际上在某些情境中你还可以接纳它，而不是单纯地忍耐，那会怎么样呢？

实际上，有些人正是在充满不确定的人生中茁壮成长，享受那种在摸索中一步步前进的感觉。为什么会这样呢？这通常与他们和不确定的相处模式有关，具体来说，他们认为那些不可预测、陌生或暧昧不明的情境中有很多潜在的好处。在接下来的内容中，我们将讨论在某些情境中敞开怀抱接纳不确定可能会有的好处。

享受意外和新鲜的体验

你肯定和大多数人一样，发现有时候可以从生活中的那些意外事件中得到巨大的快乐：在一条旧牛仔裤中找到 100 元钱；未拆开的礼物；在社交场合遇到一位有趣的陌生人。这些通常是计划或意料之外的，所以，它们的到来于你而言是非常受欢迎的惊喜。在上述情境中，随遇而安、不做任何计划，能够让你有机会经历一些在正常情况下体验不到的东西。你可能已经在一些行为实验中注意到了这种现象，尤其是在做一些新鲜或意外的事情时。

这种令人愉悦的体验把那些不可预测、陌生及暧昧不明的情境从纯粹的威胁变成了潜在的机会。既然人生本来就是不确定的，意外的情境也不可避免，如果能够即兴、随心地适应这些情境，就能更令人愉悦。我们不妨打一个比方，当你在海里游泳时，逆着浪潮奋力前进是很费劲的，而且，永远都会有下一波浪潮向你猛扑过来，你避无可避。但有时候，任由自己随波逐流会让你更轻松，也让你有机会欣赏一下眼前的景色。

信心倍增

行为实验会帮助你越来越习惯面对不确定，你会逐渐注意到，自己已经可以游刃有余地处理出现的问题了。例如，如果你关机几个小时后，发现在此期间有人给你发信息，你会很轻松地和那些发信息的人联系，并处理好所有可能出现的情形；如果你去商店时，因为没有带购物清单而漏买了几样东西，你可能会再次去商店把忘掉的东西买齐，或者决定暂时不用那些东西。

大部分来访者会感到很吃惊：原来自己居然可以把出现的消极结果处理得很好，问题也被轻松快捷地解决掉。这就是接纳不确定的一个重大好处：你会发现自己应对困境的能力比想象中的强多了。好好想一想，每次试图在想象中计划如何为某种不测做准备时，你对自己说了什么。你实际上是在告诉自己，你没有遇事当机立断的能力，如果没有事先做好计划，你就会束手无策。你是在告诉自己，你对自己应对消极结果的能力没有信心。接纳不确定让你通过亲身体验看到自己身处困境时真正的能力，从而增加你的信心。

全新的镜头

接纳不确定的一个最大的好处就是，改变了你看世界的视角。如果你把生活中的不确定看作消极的，或者充其量是一个还可以忍受的东西，那么你看那些不可预测、陌生或暧昧不明情境的视角就会聚焦在可能发生的消极结果上。因此，你应对这些情境的方法就是将损害最小化。例如，如果一个朋友邀请你去某个地方度周末，你可能会把关注的重点放在如何减少旅途的不适，或者如何与朋友在这两三天内尽量和谐相处上。换句话说，你专注的是如何减少这次行程的消极因素，让旅途尽量没有麻烦。

而另一方面，如果你选择接纳不确定，就会想办法将愉悦最大化，专注于可能在旅途中发生的所有愉快事件，以及如何让旅途尽可能地有趣。在这种情况下，你考虑的可能就是你们可以一起听的音乐、能够一起参与的事件或活动、可以带回家的纪念品或小礼物。当你不再认为日常情境中的不确定在本质上是威胁，而是视之为潜在的有利因素时，你眼中的生活也会随之焕然一新。

练习 8.5　发现不确定性的积极面

接纳不确定性确实大有益处，如果你对这个观点只是有所了解或觉得自己有可能赞同，是不足以说服自己最终接受它的。要让自己主动接受，只有时间和经历的双重作用才能做到——行为实验也是基于同样的原则。如果你的目标不只是容忍不确定，还愿意偶尔将其视为积极因素，那么，你需要迈出的第一步就是认真思考一下，接纳不确定性会为自己带来哪些好处。

带着这样的想法，我们希望你好好想一想，如果将生活中的不确定视为可接纳的东西会有什么好处。下面我们列出了不同的生活领域，仔细考虑每个领域内接纳不确定性的好处是什么，把那些你已经注意到的好处以及你想在将来体验到的好处都写下来。我们鼓励大家定期完成这项练习，定期回顾接纳不确定的好处并随时识别新的好处。

你与朋友及亲人的关系

_____

_____

你在工作或学习中的表现及成就

_____

_____

你的社交生活

_____

_____

你和亲人的健康

_____

_____

_____

练习 8.6　检查你的 GAD 症状

正如我们在之前的章节中讨论的，之所以要用行为实验挑战你对不确定的消极信念，最终目标是减少你在不可预测、陌生及暧昧不明情境中所感受到的威胁感，从而减少你的忧虑和焦虑。在进入下一章之前，我们建议你再做一次忧虑与焦虑问卷，来评估你的 GAD 症状。在第 1 章中，我们要求评估的时间跨度为 6 个月，这一次是 1 个月。做完之后，你可以比较一下两次的答案有何不同。之后你可以每隔 6 个月左右就做一次这个问卷，这样就可以清楚地看到，随着时间的推移，自己取得了怎样的进步。

忧虑与焦虑问卷

1. 你经常忧虑的主题是什么？

　　a. _____

　　b. _____

　　c. _____

　　d. _____

　　e. _____

　　f. _____

135

在以下题目中，请圈出与你的实际情况相对应的数字（0~8）。

2. 你的忧虑是否过度或夸大？

一点也不过度 　　　　　　　中等程度过度 　　　　　　　完全过度

0 ⋯⋯ 1 ⋯⋯ 2 ⋯⋯ 3 ⋯⋯ 4 ⋯⋯ 5 ⋯⋯ 6 ⋯⋯ 7 ⋯⋯ 8

3. 在过去的 6 个月中，你有多长时间被过度忧虑困扰？

从不 　　　　　　　　　　　一半时间 　　　　　　　　　　每天

0 ⋯⋯ 1 ⋯⋯ 2 ⋯⋯ 3 ⋯⋯ 4 ⋯⋯ 5 ⋯⋯ 6 ⋯⋯ 7 ⋯⋯ 8

4 你在控制忧虑方面有困难吗？例如，当你开始忧虑某件事时，是否难以停止？

不困难 　　　　　　　　　中等程度困难 　　　　　　　极度困难

0 ⋯⋯ 1 ⋯⋯ 2 ⋯⋯ 3 ⋯⋯ 4 ⋯⋯ 5 ⋯⋯ 6 ⋯⋯ 7 ⋯⋯ 8

5. 在过去的 6 个月中，当你感到忧虑或焦虑时，下面这些症状对你的困扰达到哪种程度？圈出你认为合适的数字（0~8）。

a. 感到不安，紧张，烦躁

一点也不 　　　　　　　　　中等程度 　　　　　　　　非常严重

0 ⋯⋯ 1 ⋯⋯ 2 ⋯⋯ 3 ⋯⋯ 4 ⋯⋯ 5 ⋯⋯ 6 ⋯⋯ 7 ⋯⋯ 8

b. 容易疲惫

一点也不 　　　　　　　　　中等程度 　　　　　　　　非常严重

0 ⋯⋯ 1 ⋯⋯ 2 ⋯⋯ 3 ⋯⋯ 4 ⋯⋯ 5 ⋯⋯ 6 ⋯⋯ 7 ⋯⋯ 8

c. 注意力很难集中，或者大脑一片空白

一点也不 　　　　　　　　　中等程度 　　　　　　　　非常严重

0 ⋯⋯ 1 ⋯⋯ 2 ⋯⋯ 3 ⋯⋯ 4 ⋯⋯ 5 ⋯⋯ 6 ⋯⋯ 7 ⋯⋯ 8

d. 易怒

一点也不 　　　　　　　　中等程度　　　　　　　　非常严重

0 ······ 1 ······ 2 ······ 3 ····· 4 ····· 5 ····· 6 ····· 7 ······ 8

e. 肌肉紧张

一点也不 　　　　　　　　中等程度　　　　　　　　非常严重

0 ······ 1 ······ 2 ······ 3 ····· 4 ····· 5 ····· 6 ····· 7 ······ 8

f. 睡眠紊乱

一点也不 　　　　　　　　中等程度　　　　　　　　非常严重

0 ······ 1 ······ 2 ······ 3 ····· 4 ····· 5 ····· 6 ····· 7 ······ 8

6. 忧虑或焦虑症状对你的生活造成了何种程度的困扰？例如，对你的工作、社交活动、家庭生活等。

一点也不 　　　　　　　　中等程度　　　　　　　　非常严重

0 ······ 1 ······ 2 ······ 3 ····· 4 ····· 5 ····· 6 ····· 7 ······ 8

要达到 GAD 的诊断标准，你还必须符合下列条件（在符合你的情况的方框内打✓）。

□ 在第 1 题中至少有两个忧虑主题。

□ 在第 2、第 3、第 4、第 6 题每题得分至少 4 分。

□ 在第 5 题中至少有 3 项症状得分至少 4 分。

如果每一个方框内都打✓，就表明你符合 GAD 的诊断标准。

盘点你的进步

在本书一开始，你就已经了解到，你要做的一切不是为了治愈 GAD，而是为了减轻你的忧虑和焦虑症状，将它们保持在正常、功能性的水平。但你一定要明白，对你而言是正常的，对其他人却未必。毕竟，"正常"覆盖的范围实在太广了。不仅如此，每一个 GAD 患者都是不同的，因此，每个人的进展情况也不太一样。如果你再做一次忧虑与焦虑问卷，很可能会发现，你的忧虑已经减轻了，焦虑症状也减少了，GAD 症状对日常生活的损害也大大降低了。

尽管如此，有些人发现，到了此时他们依然符合 GAD 的诊断标准，甚至在开展行为实验数周或数月后依然如此。如果你也是这种情况，不要气馁。GAD 症状的严重程度是一个连续谱，很多人会发现虽然自己的忧虑减少了，但仍显著高于焦虑症的临床阈值，这是一种非常普遍的现象。如果在刚开始学习本书的内容时，你的 GAD 症状严重程度位于连续谱上一个很高的点，那么很有可能在取得显著进展之后，依然还在 GAD 的诊断范围之内。记住，你的目标是学习如何长期控制自己的忧虑和焦虑。只要你一直在向着目标稳步前进，实现目标需要多长时间并不重要。

第 9 章

处理现实忧虑

在第 5 到第 8 章中，我们把重点放在那些导致忧虑的认知和行为上。具体来说，当你改变对不确定性的消极信念后，将那些不可预测、陌生及暧昧不明的情境视为威胁的可能性就小了，而这反过来也能让忧虑减少。因为你忧虑的内容可能每天都不一样，从长远来看，把目标对准引发忧虑的诱因（对不确定性的信念），而不是忧虑本身，才是最终能够帮助你减少忧虑的办法。

即便如此，你可能会发现，虽然总体来说忧虑减少了，但某些忧虑依然阴魂不散，执着地频繁出现。在这种情况下，一些专门用来对付这种顽固忧虑"遗迹"的方法就很有用。所以，在这一章和下一章中，我们的重点就是帮助你处理残留的忧虑。你可能还记得，在第 1 章中，我们介绍了两种不同类型的忧虑：对现存问题的忧虑和对假想情境的忧虑。处理每种忧虑的方法也是不同的，这毫不为奇，所以，我们会对这两类忧虑分别进行探讨。本章重点讨论的是如何处理对现存问题的忧虑。在第 10 章中，我们会探讨如何处理对假想情境的忧虑。

为了检验自己对不确定性的消极信念，你已经完成了一系列的行为实验，想必现在已经积累了大量的经验。你可能发现，和刚开始学习本书时相比，你的忧虑已经大大减少了。如果是这样的话，你或许不需要完成本章或下一章的内容。所以，在进一步学习之前，最好先弄清楚这两种类型的忧虑对你来说是否依然是问题。接下来的练习会帮助你达到这个目的。

练习 9.1　检测忧虑类型

你可能还在纠结于一些特定的忧虑，那么，究竟是哪些忧虑呢？为了看得更清楚，你可以利用练习 1.3 中的忧虑监测日志，再次对这些忧虑进行追踪。在过一周或两周后，再回头检查你列出来的忧虑，记录它们涉及的是现存问题还是假想情境。

提醒一下，对现存问题的忧虑与你此时此地正在处理的问题情境有关。例如，失业后忧虑找工作；发愁给孩子找合适的日托班；搬到新城市后担心人际关系。在这些情境中，有一部分是你可以控制的，所以，你能做一些事情来应付出现的问题。而对假想情境的忧虑与那些在将来可能发生的情形有关。因为它们涉及的是尚未发生的事情，你对这种情境无法真正加以控制，因此也无法解决可能出现的问题。例如，假如日后生病，假如亲人将来死亡或病重，假如失去了现在的工作。

如果你在追踪过程中发现了一些对当前现存问题的忧虑，把它们列在下面；如果发现一些对假想情境的忧虑，把它们留给第 10 章。

对当前问题的忧虑

1. _____

   _____

2. _____

   _____

3. _____

   _____

4. _____

   _____

5. _____

_____

了解如何解决问题

在第 3 章中我们提到，很多 GAD 患者认为忧虑是有用的——可以提供动力并有助于解决问题。但是，忧虑问题和真正解决问题是不同的。忧虑通常是一个在心理上发生的被动过程。你可能会考虑这个问题本身、可能的解决方案、可能采取的行动有哪些优缺点，等等。然而，这些都只是念头而已，你并没有针对问题本身采取实际行动。例如，如果你对考试失败感到忧虑，考虑的可能是这次失败会如何影响你的平均分，你可能会在心理上检视所有可能的选择：可以去和老师谈谈，可以放弃这门课程，可以为期末考试制订学习计划以提高平均分，等等。也许你会担心，如果现在放弃这门课，将来可能不得不再学一次；也许你还会担心，即使额外增加学习时间，期末考试还是考不好。对这些问题的种种考虑可能让你感觉有收获，但是，除非你真的去处理这些问题，否则它们帮不了什么忙。事实上，这个情境可能会让你感到极度焦虑，以致采取拖延战术或完全回避。

与对问题充满忧虑相比，解决问题是一个更实际的选择。它是一种主动性策略，促使你处理问题情境并予以解决。它由两个不同但相关的成分组成：你对问题及解决问题的导向及态度，你解决问题的实际能力。关于问题导向（即你对问题及解决问题所持的一系列态度），已经有研究显示，尽管 GAD 患者拥有和其他人一样的解决问题的知识，但他们更有可能持"消极问题导向"，或者对问题及自己解决问题的能力持消极信念。这种消极态度反过来会干扰一个人解决问题的能力。所以，即使你和他人一样善于解决问题，你对问题本身和作为问题解决者的自己也持有消极的看法，这极有可能导致你回避问题，而不是处理问题。因此，要学习如何有效处理日常问题，而不是忧虑问题，你必须面对解决问题过程中的这两个部分：问题导向和将解决问题的技能付诸实践的能力。

了解消极问题导向

消极问题导向包括三种基本态度：将问题视为威胁的倾向，对自身解决问题的能力持有怀疑态度，对可能出现的结果比较悲观。换句话说，如果你有某种消极问题导向，你可能会对自己说：我讨厌遇到问题，我不善于解决问题，就算我去解决了，最后的结果也不好。下面就让我们看一看，这种导向会如何影响你解决问题的能力。

消极问题导向的结果

回忆一下，当你对不确定性持有消极信念时，结果是什么？当你对问题及解决问题持消极态度时，结果与此类似，同样会对你的认知、情感及行为产生显著的消极影响。例如，假设假期就要到了，你不知道该带家人去哪里度假，而且预算也很紧张，这一切让你忧心不已。你想让每个人都玩得开心，但家庭成员们各有各的兴趣。如果你有消极问题导向，就可能会在盘算这个问题时感受到威胁，你会认为自己没有能力想出好办法，认为自己想出来的办法会行不通（可能会花很多钱，或者不能让所有人都开心）。这些想法会对你产生什么影响呢？

- **对情感的影响。**每次一想到这个问题，你就会感到焦虑、沮丧、恼火，因为这种情形让你束手无策，濒临崩溃。
- **对行为的影响。**因为觉得问题非常具有威胁性，你可能会逃避问题或迟迟不予解决。如果是这样，你可能会把更多的精力花在怎样逃避问题上面，而不是真正解决它，尤其是在那些让你感到焦虑或沮丧的情境中。

- **对认知的影响。**对认知的显著影响之一就是，你对该问题持续忧虑。此外，随着时间的流逝，小问题可能会变成大问题，甚至可能产生新的问题，这会导致新的忧虑，需要你考虑的东西就更多了。如果你迟迟不选择一个度假胜地，随着时间的推移，这个问题可能会变得更严重，所需的花费更多。在这个例子中，机票可能变得更贵，旅馆的房间可能更少，而你可能面临如何支付旅行费用的问题。这样一来，在所有与度假相关的忧虑之外，旅行费用成了凌驾于其他忧虑之上的额外忧虑。

从本质上看，你的消极问题导向会引发更多消极情绪、更多忧虑以及对问题的更多逃避。但是，请记住，有研究显示，关于如何解决问题，GAD 患者拥有和其他人一样的知识和技能。所以，尽管消极问题导向导致你实际解决问题的可能性降低，但这并不是因为你没有解决问题的能力，而是因为你认为自己没有这个能力。

消极问题导向和对不确定的不耐受性

为什么 GAD 患者持消极问题导向的可能性更大？答案在于那些问题的本质。日常生活中的问题往往涉及一些可能存在消极结果的情境，但对这些消极结果我们并没有清晰明确或唾手可得的解决方案。换句话说，这些问题会导致某个不确定状态，因为无法预知会出现什么样的消极结果、解决方案有无效果，这种不确定性会引发忧虑和威胁感。

在解决问题的过程中，你对不确定的不耐受性会处处作祟，对不确定的消极信念会对生活的方方面面产生持久的影响。这同样说明了针对这些信念持续进行行为实验的重要性。事实上，正因为问题中所固有的不确定性，你才可以把解决问题视为一种行为实验，在实验过程中，你就有机会了解当问题出现时自己是如何真正处理的。

挑战消极问题导向

在面对问题的时候，你会应用自身解决问题的技能吗？又会如何应用呢？答案离不开消极问题导向产生的强大影响力。因此，在进一步讨论如何解决问题之前，有必要挑战一下你的那些消极态度。不过，正如在挑战你对不确定性以及忧虑的信念时采取的策略一样，要改变你对问题和解决问题的看法，只靠积极思考或简单地告诉自己"问题并不可怕""你是一个善于解决问题的人"是不行的。你的目标是学会在问题一出现时就认出它们，然后以一种更平衡的方式看待它们，最后用亲身经历证明自己能够解决它们。

及早认识问题

由于 GAD 患者对问题往往采取拖延或逃避的态度，所以，当问题刚刚出现的时候，他们可能认识不到。但是，我们说过，当小问题得不到处理时，它们可能会慢慢变成大问题，更不好解决。有两种方法可以提高你及早认识并解决问题的能力：以你的情绪为线索，把反复出现的问题记下来。

以情绪为线索

很多人都会犯同一个错误——在困境中将消极情绪误解为问题。然而，消极情绪通常是问题的结果，而非问题本身。例如，如果你总是在每天工作结束时感到紧张、焦虑，问题可能并不是你感到紧张、焦虑这个事实，而是工作中发生的某件事情，如没能按时完成任务或与同事发生摩擦，是这些原因让你倍感压力。如果你明白了这一点，就能以消极情绪为线索，提醒自己观察周围的环境，确定是否有问题存在。这样做除了能够帮助你在问题变得更严重之前及早发现它们，还能让你用一种不那么消极的方式看待自己的情绪，并在生活中真正把它们当成识别各种问题的帮手。

练习 9.2　问题检测中的情绪监控

学会以情绪为线索是一种需要通过练习才能获得的技巧。我们建议你花几天时间监测自己的情绪，观察自己的体验。下面的表格可以帮助你追踪消极情绪、消极情绪产生的情境以及该情境中存在的问题。在接下来的几天内，只要你检测到了消极情绪，尤其是那些让你感到担心、焦虑的，就把它们填入表格中。和填写其他表格时一样，在检测到消极情绪后第一时间内收集到的信息是最有用的。在描述某个情境时，下面的这些问题会对你有所帮助：你和谁在一起？你在什么地方？正在发生什么？在填写最后一栏时，仔细思考一下，是否有什么因素引发了你的消极情绪。在该情境中，你能认识到问题吗？

为了让你了解具体是如何操作的，下面我们提供了一张样表，同时也为你准备了一张空白表格。

问题追踪日志（样表）

消极情绪	情境	有问题吗
紧张、恼火	早上我准备去上班，同时要让孩子们准备好去上学。我很晚才出发，孩子们吃早餐的时候慢慢腾腾的，我忍不住吼了他们	是的。早上的时间好像总是不够用，不能让我和孩子们把一切都准备就绪并按时出发
沮丧	我在努力完成一些已经延误的工作报告。这些报告有很多要求，我觉得理解起来很困难	是的。上司对工作报告的要求做了一些变动，但我觉得没有解释清楚
悲伤、孤独	周末我独自在家，没有任何计划。朋友们都忙于各自的安排	是的。我的社交生活非常有限。我希望自己能够在社交方面更活跃一些，但不知道该怎么做

问题追踪日志

消极情绪	情境	有问题吗

列出复发性问题

除了追踪消极情绪以便及早识别问题以外，你还可以在问题出现时列一张清单，重点关注那些反复出现的问题。给个体带来最多痛苦的往往是那些反复出现的问题。问题之所以会反复出现，通常是因为之前没有得到根本的解决，或者是以往那些解决方案没有长期效果。例如，可能每到月末你就会面临无法将信用卡全部还清的窘境，这表明理财是一个反复出现的问题。把经常复发的问题列一个清单，然后你就可以清楚地看到是否有某些问题总是反复出现。如果确实有，你就知道自己对某些问题的解决方案并不奏效，也能够让你在下一次碰到这种情形时不至于吃惊，能够更有效地加以处理。

练习 9.3　复发性问题清单

现在，花一点时间好好想一想，是否有些问题总是反复出现。如果有，把这些问题写在下面。以后你会发现，保留这样一份不断增加的复发性问题清单很有用。你可以把这份清单记在笔记本上，也可以保存在电子设备上。

1. _____

2. _____

3. _____

4. _____

5. _____

6. _____

看到问题中的机会

趋利避害是人的本性。当然,这种行为方式造成的结果就是,当你认为某些问题有害时,就会减少解决它们的努力。而且,当你打算做某件事情时,如果你在其中看到了值得自己付出努力的机会或回报,才更有可能坚持下去。这就是为什么从问题情境中寻找机会很重要。

首先,你必须认识到,威胁与机会是共存于一个连续谱上的两个极端。在所有的问题情境中,很少会存在百分之百的威胁或机会。相反,日常生活中的绝大多数问题都位于这两个极端之间。你可能总是把问题视为某种程度的威胁,这似乎也有一定的道理,因为解决问题并不是什么好玩的事。但是,问题中总是会存在着一些机会,让你在接近它们时得到某些好处。例如,假设你和一位朋友大吵了一场,她到现在都还在生你的气。当你试图应对这个情境时,可能会觉得具有一定的威胁性,担心她对你大吼大叫,担心她不愿意平息纷争。但是,在这个问题中依然存在着机会。比如说,如果你解决了和朋友之间的问题,从长远看可能会使你们的友谊更牢固;在此过程中你还可以提高自己的沟通技能,今后更善于处理和其他人的分歧。当然,这些机会都无法消除问题中存在的威胁,但它们确实让你对这个情境有了更平衡的看法,有效减少了你在考虑问题时的无措和焦虑。

练习 9.4　寻找问题中的机会

为了练习如何在问题中寻找机会,你可以利用练习 9.2 问题追踪日志中确定的问题以及前面列出的复发性问题清单。在练习时,先选择一个对你来说特别麻烦的问题,对它进行简要描述。按照威胁性从 0 到 100% 的等级,评估一下该情境对你的威胁程度。然后,试着找出该情境中存在的一些机会。一个关键原则是：只列出那些对你而言有意义的机会。如果你写的东西连自己都不相信，就没有任何作用。

列出几个机会之后，重新评估一下该情境的威胁等级，同样是从 0 到 100%。并不是在所有情况下你都能找到一些让你感觉威胁性变小的机会，但是，通过纵观全局，你通常会对该情境产生更合理、更平衡的看法，正如你将从下面的例子中看到的那样。

问题：学校今天突然停课了，我找不到其他人在我上班期间帮忙照看孩子。

威胁评估：100% 威胁性。

机会：除了找保姆之外，或许我还能在本地区发现一些可以帮忙照看孩子的机构，这样一来，如果这种情况再次发生，我就有所准备了。我还可以和上司做进一步沟通，讲清楚当出现突发情况导致我不能来上班时，该怎么处理。

新的威胁评估：70% 威胁性

问题：＿＿＿＿＿＿＿＿＿＿＿＿＿＿＿＿＿＿＿＿＿＿＿＿＿＿＿＿＿＿

威胁评估（0~100%）：＿＿＿＿＿＿＿＿＿＿＿＿＿＿＿＿＿＿＿＿＿

机会：＿＿＿＿＿＿＿＿＿＿＿＿＿＿＿＿＿＿＿＿＿＿＿＿＿＿＿＿＿＿

＿＿＿＿＿＿＿＿＿＿＿＿＿＿＿＿＿＿＿＿＿＿＿＿＿＿＿＿＿＿＿＿

新的威胁评估（0~100%）：＿＿＿＿＿＿＿＿＿＿＿＿＿＿＿＿＿＿＿

问题：＿＿＿＿＿＿＿＿＿＿＿＿＿＿＿＿＿＿＿＿＿＿＿＿＿＿＿＿＿＿

威胁评估（0~100%）：＿＿＿＿＿＿＿＿＿＿＿＿＿＿＿＿＿＿＿＿＿

机会＿＿＿＿＿＿＿＿＿＿＿＿＿＿＿＿＿＿＿＿＿＿＿＿＿＿＿＿＿＿＿

＿＿＿＿＿＿＿＿＿＿＿＿＿＿＿＿＿＿＿＿＿＿＿＿＿＿＿＿＿＿＿＿

新的威胁评估（0~100%）：＿＿＿＿＿＿＿＿＿＿＿＿＿＿＿＿＿＿＿

解决问题

前面我们提出了一些解决消极问题导向的方法，但是，这些方法并非旨在从根本上改变你对问题和解决问题的态度。事实上，我们的目的是想让你在过渡到实际解决问题的环节时，能够不那么焦虑、无措。在真正开始解决问题时，你可以直接检验一下自己的某些消极信念：所有问题都像你想象的那样具有威胁性吗？你是真的不善于解决问题吗？你的所有解决办法最后都会得出消极的结果吗？通过主动解决问题，你会发现所有这些问题的答案。

在日常生活中，我们所有人都要处理很多问题，绝大多数问题可以轻松、迅速地得到解决。例如，如果你睡过头，眼看着上班就要迟到了，此时你可能会决定不吃早餐了，并且给上司打一个电话，让她知道你会晚到几分钟。对大多数小问题，你可以用第一时间想到的或过去常用的办法就足以解决了。但是，那些导致强烈忧虑或痛苦的问题就没那么容易处理了。这些问题通常没有明显的解决方案，你过去尝试过的办法不是没用就是只能短期奏效。它们需要更深思熟虑的解决方法。为此，本章接下来的内容将重点讨论如何用有效的问题解决技巧搞定那些更具挑战性的问题。

应用问题解决技巧

你大概已经知道了解决问题所需的步骤：明确问题，设定目标，思考可能的解决方案，决定最佳方案，执行。但是，知道如何解决问题与真正将之付诸日常实践是两码事，事实上，大部分 GAD 患者都是优秀的问题解决者——不过是针对别人的问题！困扰他们的正是如何将这些技巧应用于自身的问题。

为什么人们在将问题解决技巧应用于自身时会遇到困难？原因之一就是

他们失去了自己的立场。当你想到自己的问题时，更容易感到痛苦和焦虑，这会让你不再那么客观。尽管你可能对他人的问题深感同情，但不会产生同样的个人痛苦感，这能让你保持更客观的立场。这就如同身在迷宫中和俯瞰迷宫时的区别：身在其中时，你是当局者迷；俯瞰时，你能纵览全局。

如前所述，有效的问题解决方案包括几个步骤：

1. 明确问题；

2. 制定目标；

3. 生成解决方案；

4. 决定最佳方案；

5. 执行方案并评估其效果。

接下来，我们将利用下面的例子，对每一个步骤进行详细讨论。

你已经失业好几个月了。你申请了几个本行业的工作，但是，结果要么就是你的资质和培训经历不够，要么就是面试后得不到录用。现在你靠积蓄过日子，只能撑一到两个月。

步骤 1：明确问题

解决问题最重要的步骤之一就是明确问题，这一步对接下来的所有步骤都有影响。以下是一些在明确问题时有用的指导原则。

锁定事实

确保你对问题的定义是基于可观察的事实之上的（谁、何事、何处、何时），而且这些事实是明确、具体的。人们通常会做一些假设，这些假设可能不真实，可能会导致问题的定义不清。例如，如果你对问题的定义是"面试的那些人不喜欢我"，但这到底是不是真的呢？你很难搞清楚（你怎么知道别人不喜欢你），而且设定目标也很困难（你需要人们喜欢你的程度如何）。

找到主要障碍

具有挑战性的问题通常存在着一个障碍，它横亘在当前情境和你希望看到的情境之间。在明确问题这一步骤中，确定主要障碍是最大的挑战之一。你可以先描述一下当前的情境，然后写出你希望看到的情境，再写下这两者之间的障碍。换句话说，就是弄明白是什么阻止你获得想要的情境。用这种方式定义问题很有用：

- 当前情境是什么？我失业了；
- 你想要的情境是什么？希望找到一份本行业的工作；
- 障碍是什么？目前本行业没有适合我的工作。

由此，你可以用一句话将问题写出来：问题在于，我想要一份本行业的工作，但是目前没有适合我的。

问题可能会因你对当前情境和理想情境的不同描述而大相径庭。例如，如果下面是你对上述问题的回答，考虑一下会有什么不同：

- 当前情境是什么？我的积蓄快花完了；
- 你想要的情境是什么？我想还完信用卡并开始存钱；
- 障碍是什么？目前我没有工作。

在这种情况下，你对问题情境的定义会明显不同：问题在于，我想还完信用卡并开始存钱，但我没有工作。

在第一个例子中，主要障碍是在你的行业内找工作困难，在第二个例子中，主要障碍是财务状况。对问题的两种定义都没错，但是，你已经看到了，它们对你要制定的目标和解决方案有着重要的影响，所以，明确对你而言什么是主要问题很重要。

范围不能太窄

在明确问题的时候，很多人遇到的困难之一就是，他们的头脑里有一个非常明确的结果，这个结果会被渗透到对问题的定义中。例如，你可能会这样形容一个问题："我想找到一份本行业的工作，时薪至少300元，离家近。"这个定义太具体了，范围太窄了，你的选择会非常有限。如果你这样说："我想找到一份本行业的工作"或者"我想找到一份薪水够我还信用卡的工作"，就会将问题的范围扩大，这样你就更有可能找到多种不同的解决方案。

步骤 2：制定目标

在恰当地定义了问题之后，接下来的重点就是了解你想要的积极结果是什么样的。因此，解决问题的第二个步骤就是确定一些清晰的目标，它们必须是从你对问题的定义中自动浮现出来的。例如，如果你对问题的定义是本行业没有你能胜任的工作，目标之一可能就是获取更多经验或教育培训。但是，如果将问题定义为缺钱还信用卡，你的目标可能就是寻找任意一份能够让你有钱还信用卡的工作。下面是一些帮助你有效制定目标的指导原则。

设定明确具体的目标

一个常见的错误就是没有设定可清楚观察的目标，这会让你很难知道这些目标什么时候实现了。例如，如果你设定的目标之一是"面试时感觉自信"，你怎么知道这个目标何时达成了？因为这个目标中涉及了一种感受，而感受是很难被测量的。与此类似，"有更多钱"这个目标同样不太明确，到底多少钱是"更多钱"？有效的目标能让你看到自己的进步，并且知道自己何时实现了目标。例如，"有足够的钱付每月的房租和水电费用""在接下来两个月内找到一份工作，什么工作都行"就是明确具体、结果可观察的目标。

设定现实的目标

解决问题可能是一个极具挑战性的过程，所以，你肯定希望将成功的机会最大化。如果设定的是不太可能实现的目标，你可能会最终感到意志消沉。所以，要选择那些可以合理实现的目标。例如，你可能希望得到一份业内顶级公司的高薪职位，但如果你经验不足，这个目标可能就不太现实。

分清短期目标和长期目标

对有些问题，你可能会决定设定多重目标。当短期内实现主要目标的可能性不大时，这是一个很好的做法。例如，如果你的目标之一是"存够3万元"，这可能不是马上就能实现的，尤其是当你正处于失业状态时。不过，或许你可以设定几个短期目标，如"找一份全职工作"和"每个月至少省出500元"，这样做能帮助你最终实现长期目标。

步骤 3：生成解决方案

那些具有挑战性的问题为什么难以解决？主要的原因之一就是，你会倾向于使用和之前相同的解决方案。但是，那些熟悉的旧方案可能一开始就没起过作用，所以，重要的是想出新的办法。怎样才能想出新的办法呢？可以利用头脑风暴中常用的三个原则：延迟评判、提出大量潜在方案、提出多种想法。

原则 1：延迟评判

要想出创造性的新方案，最佳方法就是把头脑里冒出来的所有想法都不做任何评判地写下来。在考虑各种方案时，人们常做的事就是进行自我审查，把那些看上去不太好的想法立刻排除。因此，头脑风暴的第一个原则就是把头脑中出现的所有方案都写下来，包括那些看上去很笨或不现实的。以上面的例子为例，解决方案可能包括：买彩票，自己开公司，搬出公寓住在树林里（这样就能省下房租及其他费用）。这些解决方案可能听起来不太靠谱，但可以抛砖引玉，帮助你想出新的办法，有时候还可以把它们改造成更现实的方案。例如，与其为了减少开支而住在树林里，你完全可以租一个小一点的公寓或找人合租。

原则2：追求数量

头脑风暴的第二个原则就是想出尽可能多的解决方案。你拥有的潜在方案越多，越有可能从中找出至少一个好的方案。努力想出至少10种不同的方案。如果你实在想不出新办法，可以求助他人。

原则3：追求多样性

进行头脑风暴的时候，尽可能想出更多种类型的办法也很重要。多样性原则意味着你的解决方案不能是同一类办法的变种。例如，在你的方案中，如果申请的职位包括快餐店、咖啡厅、便利店，那它们都属于同一个类别——服务行业。

锁定行为解决方案

关于生成解决方案，最后一条指导原则是：最好的方案是那些可以被明确执行的。所以，要设法制定一些反映具体行动方针的解决方案，而不是一般性战略。例如，假设你的方案之一就是提高面试技巧。尽管这个主意不错，但是，要如何加以执行是不明确的，因为它是以策略的方式来表达的。你要把它重新表述成一种行为，包括找一位朋友帮助你练习面试中常见的问题，或者联系曾经面试过你的人寻求具体的反馈。所以，在列潜在方案清单时，你要把所有选项仔细浏览一遍，并进行必要的修改，以保证所有方案都是以具体的行为来表现的。

步骤4：决定最佳方案

对GAD患者来说，做决定是最棘手的一步，因为他们有一种要确保自己选择的方案是"正确"或"完美"的倾向。这会导致他们在这个阶段犹豫不决，一遍又一遍地检查每一个选项，却选不出任何一个。所以，你要把这个步骤分成两个部分：首先，评估你的方案，确定哪一个最适合你的问题；然后，你要果断地做出决定，进入下一个步骤。

为了判断哪一个方案是最合适的，最好设定一些评判标准。以下 4 个问题会对你有所帮助。

这个方案能解决我的问题吗

这个问题似乎是显而易见的，但是，由于头脑风暴的原则之一就是延迟评判，所以，可能一些方案并不能直接解决问题或帮助你实现目标。例如，你的方案之一可能是回到学校接受更多培训。如果你的目标是找到一份本行业的工作，从长远来看，当你学成之时，这个方案可能会增加你实现目标的机会。但是，如果你的目标是挣钱还信用卡，这个方案就解决不了你的燃眉之急。

需要付出多少时间和努力

有一些方案需要比其他方案付出更多的时间和努力。例如，回学校念书或搬到一个工作机会更多的城市，这两个选项都需要大量的时间、努力以及花销。这并不意味着要排除这些想法。但是，当你选择最佳选项的时候，应该把时间、努力以及花销同其他标准放在一起，进行综合权衡。

如果选择这个方案，我的感受如何

有些解决方案可能会引发情绪问题，影响你的选择。例如，如果一个备选方案是找家人或朋友借钱，也许会让你感到愧疚，反之回学校念书可能让你既高兴又紧张。同样地，消极情绪不一定会导致某个方案被排除，但是，在你做决定时，情绪也应该是需要考虑的因素。

从短期和长期的角度看，这个方案会有什么影响

最后，同时从短期和长期的角度权衡某个方案对你、你的家人以及朋友

有何利弊。例如，如果搬到一个新的城市，无论从短期还是从长期来看，对你而言都有很多好处——可以帮助你在本行业找到一份工作；在事业上更上一层楼；还可以让你有钱还信用卡并逐渐增加积蓄。但是，对你和亲人而言可能有很多不利之处——你不得不搬到不熟悉的地方；不能保证一定会找到工作；你会想念家人和朋友，他们也会想念你；你必须结交新的朋友。

权衡选择

回答了上面的问题后，你就要准备做出选择了。记住，这个步骤的主要目标是为问题选择一个你能确定的最佳方案，不是选择完美的方案。在现实中，你选择的任何一个方案可能都有一些缺点。因此，不要轻易排除那些存在某些消极结果的潜在方案。你要做的是权衡一下你对前面四个问题的答案，然后决定哪一个方案最佳。下面举两个例子。

潜在方案 1：搬到新的城市，寻找本行业的工作。

这个方案会解决我的问题吗？ 假如我在搬去之前就有单位愿意录用我，这个方案肯定能解决问题。

需要付出多少时间和努力？ 这个方案需要我付出大量的时间和努力，因为首先我必须找到一个有本行业工作机会的城市，再搬过去，找一个新的地方居住。

如果选择这个方案，我的感受会如何？ 我想，如果搬到新的地方，我会感到紧张焦虑，因为不确定会发生什么，不过，一想到要去新的地方生活，又觉得很兴奋。

从短期及长期的角度看，这个方案会有什么影响？ 从长远来看，这个方案对我的事业大有好处。但是，我会想念家人和朋友，结交新朋友可能会不那么容易。

潜在方案 2：向朋友和家人借钱。

这个方案会解决我的问题吗？ 这个方案肯定能马上解决问题，但不能帮助我找到工作，也不能解决未来的花销。

需要付出多少时间和努力？ 这个方案需要我付出的时间和努力最少，我唯一要做的就是找一个时间和他人谈谈借钱的事。

如果选择这个方案，我的感受会如何？ 我想，对于找人借钱这件事情，我会感觉不好。

从短期及长期的角度看，这个方案会有什么影响？ 这个方案对我个人和我的社交生活都会有潜在的消极影响。朋友和家人可能不太乐意我向他们借钱，如果将来我还需要向他们借更多的钱，我们的关系可能就会岌岌可危。有利的一面是我马上就有钱还信用卡了，这肯定会减轻我的经济压力。

选择一个方案并继续下一步骤

对所有潜在方案进行一番权衡后，选择那个看上去与你的问题最匹配的方案。记住，你很可能找不到完美的解决方案。如果真的存在一个没有任何消极结果的完美选择，你可能早就发现了。所以，一旦选择了某个方案，最重要的就是继续进行下一个步骤——执行方案。这一步可能会引发焦虑，因为这个方案的最终结果是你无法保证的。但是，正如进行行为实验一样，弄清楚你的方案能否成功的唯一方法就是将决定执行到底。

步骤 5：执行方案并评估其效果

执行方案是解决问题的最后一步，由两个部分组成：首先计划并执行你选定的方案，然后检验你的方案是否真正管用。为了将你的方案付诸实施，最好把需要执行的步骤精确地记录下来。例如，如果你的选择是回到学校接受更多的培训，方案中可能包括下列步骤：

1.查询一下，哪些学校可以提供你需要的培训；

2. 询问费用、开学时间以及入学条件；

3. 申请所选课程；

4. 申请助学贷款（如果需要）；

5. 注册学籍。

因为很多人在真正执行选定的方案时经常会拖延，所以，写出清楚具体的步骤是一个好办法，可以增加你坚持到底的可能。

执行方案的最后组成部分就是评估该方案的效果，看看它是否如计划中那样管用。即使是最佳方案，有时候也不会如预期的那样奏效，所以，需要有一种方法检验你是否在向目标靠近，这一点很重要。为了达到这个目的，你需要用清晰、具体的标识追踪自己的进步。在上面所举的例子中，如果你选择的方案是回学校念书，标识就是你回到学校后的成绩，或者接受的实习培训的数量。另一方面，如果你决定找一个合租者分担房租，明确的标识就是每月债务的减少。

不管最后的结果如何，你为追踪进步而设定的标识提供了有用的信息，同时也决定了你最后的步骤。如果这些标识表明你的方案正按计划起作用，我们强烈建议你用某种方式给自己一个奖励，如去做一些能让自己愉悦的活动。因为解决问题可能会很辛苦，花一点时间为自己的良好表现喝彩是有用的，会有效增加你的动力。

但是，如果这些标识表明你的方案没有计划中那样管用，你可能就需要把之前的步骤重新完成一遍。你对问题的定义是否明确？你的目标是否现实、是否能完成？你有没有为自己的问题想出很多不同的解决方案？是否有更有效的备选方案？你是否执行了该方案的所有步骤？不得不回顾之前的步骤并进行调整是很常见的。如果你也是这种情况，一定要在再次完成这个解决问题的过程后给自己一个奖励。

练习 9.5 解决你的一个问题

现在，你已经有了如何有效解决问题的指导原则，可以开始就你的某个问题把前面提到的那些步骤都进行一遍了。下面这些问题会引导你完成每一个步骤。一般而言，在处理具有挑战性的问题时，最好让笔和纸派上用场，打字也可以，因为写作这个行为可以让你从脑海中的想法跳出来——那是忧虑盘踞的地方，并投入到具体的行动中去。

首先写下一个你对现存问题的忧虑。你可以参考在练习 9.1 中列出的某个忧虑。

对现存问题的忧虑：_____

_____

步骤 1：明确问题

在此步骤中，要记住三个关键的指导原则：1. 锁定事实，不要假设；2. 确定主要障碍；3. 确定问题的范围时不要太狭窄。

当前情境是什么？ _____

_____

理想情境是什么？ _____

_____

障碍是什么？ _____

_____

用一句话给问题下定义：_____

_____

步骤 2：制定目标

你的目标应该具体、明确、现实、可完成。可以只有一个目标，也可以是多重目标，既有长期目标也有短期目标。如果目标是长期的，那至少得有一个短期目标充当这一路上的踏脚石。

目标 1：_____

_____

目标 2：_____

_____

目标 3：_____

_____

目标 4：_____

_____

步骤 3：生成解决方案

　　尽可能多地写出你能想到的潜在解决方案。遵循头脑风暴的三项原则：1.延迟评判（愚蠢的解决方案也是好的）；2.追求数量，想出至少 10 个方案；3.追求多样性，想出尽可能分属不同类别的方案。把所有方案写下来后，回顾一下，确保它们是具体的行为，而不是一般性策略。

1. _____

2. _____

3. _____

4. _____

5. _____

6. _____

7. _____

8. _____

9. _____

10. _____

步骤 4：决定最佳方案

现在，该选择一个方案了。就每一个潜在方案，问自己下列问题：

- 这个方案能解决我的问题吗？

- 需要付出多少时间和努力？

- 如果选择这个方案，我的感受会如何？

- 从短期及长期的角度看，这个方案会有什么影响？

以你对这些问题的反应为基础，慎重权衡所有方案，然后，挑出看上去对你的问题而言最适合的那一个。记住，完美的方案是不大可能存在的。

所选方案：＿＿＿＿＿＿＿＿＿＿＿＿＿＿＿＿＿＿＿＿＿＿＿＿＿＿

＿＿＿＿＿＿＿＿＿＿＿＿＿＿＿＿＿＿＿＿＿＿＿＿＿＿＿＿＿＿＿＿

步骤 5：执行方案并评估其效果

现在，该实施你的方案了。首先把执行方案所需的所有步骤都列出来。记住，这些步骤应该清晰、具体。

步骤 1：＿＿＿＿＿＿＿＿＿＿＿＿＿＿＿＿＿＿＿＿＿＿＿＿＿＿

步骤 2：＿＿＿＿＿＿＿＿＿＿＿＿＿＿＿＿＿＿＿＿＿＿＿＿＿＿

步骤 3：＿＿＿＿＿＿＿＿＿＿＿＿＿＿＿＿＿＿＿＿＿＿＿＿＿＿

步骤 4：＿＿＿＿＿＿＿＿＿＿＿＿＿＿＿＿＿＿＿＿＿＿＿＿＿＿

步骤 5：＿＿＿＿＿＿＿＿＿＿＿＿＿＿＿＿＿＿＿＿＿＿＿＿＿＿

确定至少一个标识，这个标识会让你知道这个方案是否奏效：＿＿＿＿＿＿

＿＿＿＿＿＿＿＿＿＿＿＿＿＿＿＿＿＿＿＿＿＿＿＿＿＿＿＿＿＿＿＿

完成这些步骤后，评估一下该方案是否奏效。如果有效，奖励自己！如果无效，再次重复所有步骤，然后给自己一个奖励。

解决问题的好处

正如我们在本章一开始所说，解决问题的过程有助于你直接验证对忧虑的信念，也有助于问题的解决。在你完成解决问题的所有步骤之后，花一点时间思考并比较一下，忧虑问题与实际解决问题之间到底有何区别。当然，很多事情的结果往往不符合我们的计划，但是，我们的大部分来访者报告说，当他们切实采取行动应对生活中出现的各种问题时，无论最后结果如何，他们会产生一种成就感和自豪感。

在学习本章的过程中，你可能已经发现，你甚至并不需要完成解决问题的所有步骤。很多来访者说，只要写下自己的问题并认真思考想要实现的目标，他们就已经认识到，问题是可以相对快速地被解决的。还有人说，他们决定不按部就班地用这些步骤处理问题，而是用行为实验来代替。无论你的具体情况是什么，我们都希望你看到，直接解决问题与让问题在头脑里不断盘旋到底有何区别。

第 10 章

处理假想忧虑

在上一章中，我们学习了如何控制那些与当前问题相关的残存忧虑。现在，我们要向大家介绍另外一种方法，它针对的是与假想情境相关的忧虑——也就是那些尚未发生且可能永远不会发生的潜在问题。其中可能包括担心亲人生病或出事、自己失业、晚年孤独无依、退休的时候没有足够的积蓄，等等。它们和现实问题不同，对现实中存在的问题，我们通常可以采取某种措施来解决，而对于那些潜在的问题，你能做得很少，甚至完全无能为力。所以，上一章中那些解决问题的策略对这类忧虑作用不大。如果你试图设法解决它们，就会像汽车被吊在起重机上的时候猛踩油门，除了让轮子徒劳地旋转，根本寸步难行。

话虽如此，但所有人都会时不时地担心未来可能会发生什么不好的事。一想到可能会被解雇、经历地震或遇到严重车祸，每个人都会感到心惊胆战。所有人的脑海里都会偶尔掠过这些想法，但如果这些想法一直被你抛在脑后，没有特殊原因就不会感到担心，那么，这类忧虑并不会被视为过度。正如我们在前面章节中讨论的，你对未来的消极事件心存忧虑并不是问题，问题是你对这些想法产生的反应。说得具体一点，如果你正在设法用各种心理手段控制自己的忧虑，反而可能增加了忧虑出现的频率和严重程度，导致它们出现在幕前，成为你思维的中心。

当然，正如我们在第 9 章开头部分所言，认真学习这本书后，你的忧虑症状可能已经减轻了很多，对假想情境不再有明显或过度的忧虑了。正因如此，在开始学习本章之前，你需要检验一下这类忧虑是否依然是你的问题。下面这个练习可以帮助你完成这个任务。

练习 10.1 你会为假想情境忧虑吗

为了看清楚自己是否依然受困于那些假想情境，你可以先回顾一下练习9.1 中的忧虑监测日志，或者用一张空白的表格再次追踪一下你的忧虑，一到两周后，回顾一下你列出的忧虑内容，确定其中是否存在假想情境。

在这里提醒大家，所有人都有对假想情境感到忧虑的时候。所以，在列忧虑清单之前，考虑一下这些忧虑是否过度，意思是你是否经常沉溺其中，或者无缘无故地忧心忡忡。再考虑一下，这些忧虑是否在你的思绪中占据中心位置。例如，如果在当地没有任何地震预警的情况下，你就日夜担心发生地震，这就是过度忧虑。带着这些想法，仔细思考你对假想情境的忧虑是否过度。如果是，把它们写在下面。

对假想情境的忧虑

1. _____

_____

2. _____

_____

3. _____

_____

4. _____

_____

5. _____

_____

理解恐惧

假想情境会引发忧虑，对这些忧虑的反应又会在无意中增加忧虑出现的频率，这一切是怎么发生的呢？在深入探讨这个问题之前，最好先理解恐惧是如何运作的。为了让恐惧的原理更易于理解，我们以一个明确、具体的恐惧为例：电梯恐惧。应对这种恐惧的方法一般有三种：回避恐惧、中和恐惧和正视恐惧。

回避恐惧

应对电梯恐惧的方法之一就是，直接回避乘电梯，改为走楼梯。这种应对机制让你同时避免了电梯中的"危险"（例如，电梯可能会被卡住、发生故障或下坠）和身处电梯时因焦虑引发的不适感。但这种方法的问题在于，尽管它能立竿见影地减少乘坐电梯引发的灾难性念头以及相关的焦虑，但不会减轻你对电梯的恐惧。事实上，这样做反而增加了你的恐惧，因为它让你更加相信如果乘坐了电梯，不好的事情就会发生。所以，当你下次面临要乘坐电梯的情境时，你的灾难性念头（电梯太危险了）和焦虑又会回来。在前面几章中我们说过，从长远来看，回避只会维持恐惧，所以，涉及回避的策略最终都没有效果，但它们会让你在每次面临恐惧的情境时就不得不应用它们。

中和恐惧

假如，你不回避乘电梯，而是决定正视自己的恐惧，勇敢地走进电梯。当你身处电梯之中时，你可能会开始想象电梯被卡住或下坠的情形，此时你的焦虑水平开始上升了。然后你可能会闭上眼睛，或者想象自己正身在别处。也许你还会找一个朋友陪着自己。这些方法都属于安全行为，它们可能在一定程度上有助于减少你的灾难性想法，减轻你的焦虑感，但并不彻底。换句话说，它们有助于中和或减少你在该情境中的忧虑和焦虑。

在第 6 章中我们提到，安全行为的问题在于，你永远都不会知道，如果不使用安全行为，你在电梯中会怎么应对。对于坐电梯究竟有多危险这个问题，你不会有更多新的了解。如果不使用安全行为，你会焦虑成什么样子呢？针对这个问题的答案，你同样无从得知。很多人担心，如果他们不做点什么来中和或抑制自己的焦虑，焦虑值就会不断上升，直到他们完全失控或崩溃。因此，这些安全行为只不过是更隐秘的回避形式，因为你并没有直接面对恐惧，而是在设法中和该情境。

简而言之，使用安全行为会阻碍你进一步了解那些引发恐惧的情境。正因如此，你对电梯的恐惧会继续存在。所以，当你使用安全行为减少你的灾难性想法和焦虑时，尽管这样做似乎可以让恐惧的情境更易控制，但你的恐惧并没有减轻，你只不过是想出了一种办法减少让自己恐惧的想法，暂时缓解了焦虑而已。

正视恐惧

应对电梯恐惧的另一种方法就是直面恐惧，在不使用任何安全行为的前提下搭乘电梯。如果最终决定采用这种方法，你可能已经将乘电梯的各种危险翻来覆去都想过了，焦虑水平恐怕已变得很高了。但是，直面恐惧而不是回避或试图中和它们，会让你有机会增加对恐惧情境以及随之产生的焦虑的了解。

让我们从该情境本身开始：除非你的运气特别糟糕，否则，你乘坐的电梯一切顺利的概率极高，这会让你的想法开始发生改变——电梯被卡或坠落到地面的可能性并不大。另一方面，如果你确实运气不好，可能会被困在电梯里（鉴于电梯坠落的情况极其罕见，在此我们用被困为例）。在这种情况下，你可能会改变对"被困在电梯里"到底有多危险的想法。也许一开始你会很惊慌，过一会儿后也许又觉得"不过如此"。不过，事实很可能并非你原来设想的那样可怕。不仅如此，你可能还会重新评估一下自己的能力——是否可以不用任何安全行为就足以应付这种局面呢？也许你会尝试用手机呼叫救援，或者按下电梯里的紧急按钮，然后等待救援。这些行为都表明，在这种情境中你应对得很好。因此，通过不用任何安全行为直面自己的恐惧，你可以重新评估某个消极结果出现的可能性及其危险程度，以及该消极结果一旦发生时你的应对能力。

现在让我们看一看，如果在不使用任何安全行为的情况下直面恐惧，你会对焦虑增加哪些了解。首先，你会知道焦虑是有天花板的。尽管焦虑水平可能会变得很高，但它不会持续上升，相反，它会在到达某个峰值之后就一直维持在这个水平。你还会了解到焦虑最终会燃烧殆尽。如果你任由焦虑与自己同在，它最终会慢慢消退。焦虑的这两种特性都是生物学上的事实，它在身体内就是这样运作的。考虑到焦虑是"或战或逃反应"系统的一部分，这并不奇怪。焦虑的目的不是要伤害你，而是提醒你。当你认为自己处于危险时，它就会及时出现助你一臂之力。正因如此，它不会一直上升到让你完全失控的程度，也不会永久持续下去。

面对恐惧，不采取回避或试图将之中和的策略，而是慎重地面对，这就叫"暴露"（Exposure）。反复暴露会逐渐减少那些与危险相关的想法（以及焦虑峰值）出现的频率和强度，直到你在面临恐惧情境时不再感到害怕或焦虑。因此，从长远来看，暴露是克服恐惧的最有效方法。如果你会开车，那么，在完全没有意识到的情况下，你已经把暴露的所有程序都经历了一遍。当你第一次握紧方向盘时，脑子里可能充斥着灾难性的想法，充满焦虑，但是，如果你经常练习驾车，那些与危险相关的想法就会越来越少，感受到的焦虑也逐渐减少。最后，你会对自己的驾驶水平充满自信，开车的时候几乎体验不到任何焦虑。你可能还会发现，在驾车的过程中，每次刚出现一个新的挑战时，你都会觉得很难，但是练习会有效减少恐惧或焦虑。例如，当你第一次上高速公路或平行停车时，可能会有些焦虑，但是随着时间的推移，经过反复练习，你会觉得越来越轻松。

处理忧虑

忧虑是在心理上发生的，既然如此，你可能会很好奇，回避、中和以及暴露这几种机制是如何作用于那些与假想情境相关的忧虑的？在处理那些与现实生活情境相关的恐惧——如电梯恐惧——时，我们应用了与这三种应对机制（即回避、中和和暴露）相关的策略，其中大部分都是行为。这三种机制同样可以用于与假想情境相关的忧虑，不过，采取的策略通常是心理和认知性质的，下面我们简单概括一下。

回避忧虑

为了回避那些与假想情境有关的忧虑，人们使用的方法主要有两种：抑制关于忧虑的想法和做别的事情以分散注意力。如果你曾经采用过其中任何一种，你可能已经发现，它们不太管用。有研究显示，试图阻止或压抑各种想法根本没用，事实上还会增加这些想法出现的频率。这种矛盾的增加被称为"增强效应"（Enhancement Effect）。任何一个念头，一旦你努力让自己不去想它，这种效应就会发生。下面我们做一个简单的实验：在一分钟内，让自己尽量不想一只白熊的形象或"白熊"这个词。你可以想其他任何东西，就是不要想白熊……

如果你认真做这个实验，就会发现，你完全没办法把白熊从大脑里赶走。当你努力不考虑那些与假想情境有关的忧虑时，也是同样的情形——你越是尽力不去想那些可能发生的坏事，它们就越是牢牢盘踞在你的大脑里。白熊实验的结果就是，你会在接下来的几天内时不时地想到白熊。这是因为，就算你不再试图阻止某个念头，它还是会继续顽强地从你的脑海里浮现出来。这种现象被称为"反弹效应"（Rebound Effect）。结论是，试图阻止或压抑忧虑不但没有作用，反而会适得其反，导致你的忧虑一直保持活跃状态。

分散自己的注意力也不太管用。如果你投入大量精力思考或从事其他活动，目的就是不去想那些忧虑——的确，当你很积极地将注意力集中在别处时，可能会取得暂时的成功，但是，一旦你停下那些分散注意力的活动，忧虑就会铺天盖地卷土重来。这类回避策略有点类似于将球按到水下——为了让球没入水里，你得用很大的力气按住它，但一松手，它马上就浮出水面了。

中和忧虑

或许你会同时用几种策略中和忧虑和焦虑，而且极有可能完全没有意识到自己在这样做。在刻意使用中和策略时，很多人会用各种各样的方式安慰自己。例如，告诉自己"可能不会出事"，或者设法用一种积极想法代替消极想法。这样做可能会暂时让那些恐惧情境显得没那么有威胁性，或者在某种程度上减轻了你的焦虑，但是，就像你在电梯里闭上眼睛假装自己在别处一样，它们并不能解决你的深层恐惧。更有甚者，如果不使用这些心理安全行为，你就会在还没充分体验到自己的想法以及随之产生的焦虑之前，就武断地认为如果不在某种程度上中和它们，自己就会被彻底压垮，乃至束手无策。

有一种你可能正在使用却完全没意识到的策略就是"跳跃式忧虑"（Worry Hopping）。为了压下自己对某个主题的忧虑，你可能会让思绪转向另一个相关但不同的主题。例如，如果担心的是"如果发生地震，我身受重伤该怎么办？"你可能会跳跃到其他主题。例如，与亲人安危相关（如果地震时孩子们正在学校里，该怎么办？如果我联系不上他们，而他们受伤了或者吓坏了，该怎么办？）与家庭条件有关（如果我们的房子受损严重或被夷为平地怎么办？我们该去哪里生活？）与经济状况相关（如果保险不包括所有维修费用怎么办？我们可能会花光所有积蓄。）

每次，当你从一个忧虑主题跳跃到下一个时，就会暂时减轻对前一个主题的忧虑，但是，在考虑下一个忧虑时，焦虑水平又上升了。而且，用这种方式转移念头是有问题的，因为它让你无法充分体验自己对某个可怕结果产生的所有念头。在你还没来得及仔细考虑某个忧虑会产生的可怕结果之前，你的思绪就跳跃到下一个可怕的结果上了，这会造成很大的干扰，让你没办法进一步了解那些可怕的结果及其引发的焦虑。就这样，在你对某种忧虑及随之产生的焦虑持有最严重的灾难性想法时，"跳跃式忧虑"就会跳出来起缓冲作用，所以，你的恐惧会继续保持，过度忧虑的症状也依然如故。

暴露于忧虑中

你已经看到，如果对忧虑的反应就是设法回避它们，或者用中和策略减轻它们带来的刺痛，从长远来看，反而会增加忧虑出现的频率。换句话说，你之所以甩不掉那些忧虑及随之而来的焦虑，主要的原因就是你太想努力甩掉它们。更有效的办法是正视它们，即按照计划好的步骤一点点暴露在你的恐惧中——这里的恐惧就是你担心在假想情境中会出现的那些可怕后果。

当你害怕的对象是明确而具体的情境或事物时，如电梯、高度或蜘蛛，正视恐惧是一个相对而言清楚明了的过程。但是，如果你的恐惧涉及的是尚未发生的假想情境时，就没法那么直截了当了。在这种情况下，直面恐惧就是把自己暴露在你所恐惧的情境中，所用的方法就是诉诸文字，将你害怕的最坏情况详细描述出来。这个技术被称为"写作暴露"（Written Exposure），这种方法能够让你尽可能充分、生动地体验最根本的恐惧，并最终减轻你的忧虑和焦虑。

写作暴露技术指南

在用暴露疗法直面任何一种恐惧时，都必须遵循两个重要原则。首先，暴露疗法要求重复进行。为了对你的恐惧重新进行有效评估，为了让你的焦虑以肉眼可见的速度持续减少，你要多次、反复地体验那些让你害怕的念头或情境。这种重复使得你能够在更广阔的背景中考察该情境，有助于你用不同的方式思考，并最终将焦虑减少到几近于无。因此，你要多次重复写作暴露，最大限度地从这种疗法中获益。我们通常的建议是，用两到三周的时间，每周完成 5 次写作暴露——当然，次数越多越好。

其次，必须延长暴露的时间。也就是说，你需要在一个可怕的场景中停留足够长的时间，从不同的角度忍耐它，以更灵活的方式看待它。很多人在使用暴露疗法时都会犯的一个常见的错误，就是他们只在恐惧的情境中停留几分钟，这实质上等同于"跳跃式忧虑"——这一点时间只够你开始去想让你害怕的结果并产生焦虑，然后很快就从该情境中退出了，所以，你根本没有机会学习用不同的方式思考该情境，也不会有机会看到你的焦虑水平开始下降。过早离开暴露情境可能是在下意识地模拟回避策略。遗憾的是，如果你在自己的思维最僵化、想法最灾难化、焦虑水平极高的时候停下来，就不会从暴露中得到任何好处，尽管你已经鼓足勇气正视恐惧。所以，在每一次的暴露治疗中，安排大约 30 分钟的时间来完成。这会让你有足够的时间完整、生动地想象那些可怕的结果，并有望见证你的焦虑从上升到下降的全过程。

写作暴露技术要求充分、反复地体验与你的忧虑相关的焦虑，因此，在写作过程中最关键的就是克制住自己，不要使用任何形式的回避或中和策略。这样做可以保证你描述的场景尽量完整地呈现出你的恐惧及焦虑。下面的指导原则可以帮助你完成这一任务。

用第一人称和现在时

当你想象某个假想情境"此刻"正发生在自己身上时，焦虑会随之产生。因此，用第一人称、现在时态描述你所能设想的最坏情境会更加真实。例如，如果忧虑的主题之一就是被解雇，你可以这样写："老板轻蔑地看着我，说我被解雇了，即时生效。我回过头，看到所有的同事都听到了他的话，这让我感到羞辱、难堪。"因为是用现在时写的，这个情境会比用将来时描述更真实，如果用将来时，就是"老板会很轻蔑地看着我，告诉我被解雇了。要是我的同事们都听到了怎么办？我会觉得羞辱、难堪。"在用第一人称描述的时候，你更能看到自己在这个情境中的样子，用"我""我的"这些人称代词，不要用旁观者的语气描述（"她的老板轻蔑地看着她，告诉她，她被解雇了……"），这会让你和该情境及其引发的焦虑保持距离。

包括你的感官信息

在描述那个最坏的场景时，要尽可能生动具体，这样你才能在心理上呈现出所描述的画面，让它们在脑海里清晰可见。最好的办法就是，尽量把更多的感官信息包括进去（视觉、听觉、触觉、嗅觉、味觉）。当你想起那些让你感受最强烈、最有力度的回忆时，它们通常都涉及一些感官内容：烹饪食物的香味，背景中正在播放的歌曲，爱人脸上的表情，等等。感觉对我们的情感体验有着如此深刻的影响，所以，当描述中包括了感官信息时，你能更清晰地想象出那个让你害怕的场景。例如，如果让你恐惧的是患重病入院，就可以描述一下医院里消毒水的味道，手臂上静脉滴注的感觉，以及医生说话的声音。

锁定最坏的场景

你的描述最好紧紧抓住让你最害怕的东西，并且让这些内容尽可能引发你的焦虑，所以，你需要牢牢锁定让你感觉最糟糕的场景。例如，如果你担心的是发生自然灾害（类似飓风、龙卷风、地震等），那么最坏的场景可能包括你的家被摧毁、与亲人失散、自己身受重伤。如果你感到自己很抗拒把这些念头写下来，因为它们太让你感到不安，那你一定要记住，这些正是已经在你的头脑里盘旋了数周、数月或数年的那一类忧虑，在这么长的时间里可能早就引发了严重的焦虑。所以，这些念头已经很多次让你感到不安了，现在你要做的只是更刻意地去体验一次，把它当作一个能将你从忧虑、焦虑及痛苦中解放出来的工具。

确保这个场景是现实的

你描写的场景应该将你最恐惧的东西呈现出来，但同时也应该具有可信度。所以，不要写一个你认为永远不会发生的场景，事实上这样做会在暴露过程中减少你的焦虑。例如，如果你担心被解雇，最坏的场景可能包括失业、还不起房贷、被迫依靠朋友或家人。如果你认为自己不至于沦落到无家可归、流浪街头的地步，那就不要写这些。

理解暴露的目的

也许直到现在你依然觉得写作暴露的想法很可怕，也许连尝试一下都不想。这是可以理解的，因为你可能很多年都竭力不去碰那些让你害怕的念头。所以，集中注意力去想那些最可怕的场景对你而言似乎是一个馊主意。既然如此，在开始写作暴露之前，你需要做一件重要的事情，就是真正理解暴露的目的，同时搞清楚在暴露过程中要避免出现哪些情况。

也许你会担心，既然暴露的目的之一就是在某个消极情境真正发生时减少你的恐惧，那是不是当坏事发生时，自己会麻木不仁呢？事实并非如此。例如，如果你的忧虑之一是亲人在事故中受重伤或失去生命，在这种情况下，暴露的目的不是帮助你在此事发生时无动于衷。如果亲人受伤或丧命，这显然是一种让人痛苦的可怕情形。在人的一生中有很多消极的情况可能发生，但事实上，"可能"发生并不意味着"会"发生。平常对这些情境念念不忘既无益又徒惹烦恼。暴露疗法的一个主要目的就是让那些对假想情境的忧虑一直被抛在脑后，那才是它们该待的地方。如果你发现自己对写作暴露产生抵触，就要提醒自己，你已经选择了按照本书中的要求去做，这样才不会整日想着那些可能会发生的消极情况。这会为你打开一扇大门，让你从此刻起开始享受人生。

⟿ 练习 10.2　练习写作暴露 ⟿

你已经学习了写作暴露技术的指导原则，现在可以将它们应用于某个与假想情境有关的忧虑中了。在本章开头部分，我们让你完成了一个忧虑清单，现在你可以从中选出一个使你经常担心并特别焦虑的。在写作暴露中，最好的做法通常是从最折磨人的那个忧虑开始。除此之外，下面还有一些具体的指导原则。

- **经常练习并持续足够长的时间。** 每周练习 3 到 5 次，每次安排 30 分钟时间，期间不要间断。

- **设定进行暴露的时间。** 写作暴露要求在一段不算短的时间内全神贯注于某个最坏的情境，所以，最好在不会被打断的情况下完成这件事。

- **不要担心拼写或语法问题。** 专注地把头脑中第一时间冒出来的东西写下来。在做这个练习时，你的写作风格无关紧要。

- **锁定同一个忧虑主题。** 在每次进行写作暴露时，尽管我们鼓励大家

深度进入你最害怕的那个情境，但必须保证每次描述的都是同一个
主题。

- **在情境描写中包括你的情绪反应。** 在你描述那个最坏的情境时，别
  忘了把你的感受加进去，如感到失措、恐惧、困惑或难堪。

在进行写作暴露时，把你的各种念头和焦虑记录下来，这些内容有助
于你见证自己的进步。你可以用下面提供的暴露疗法总结表记录每一次暴
露的具体情况。

把所有指导原则都记在心里后，准备工作就做好了。你可以随时开始
对第一个最坏情境的描述。为此，你可能需要准备一个单独的笔记本或电
子文档。

记住，在每次写作暴露开始的时候，你都会感到焦虑。但是，随着写
作过程的展开，你的焦虑水平会开始下降。在完成了多次练习后，你在每
次写作开始时的焦虑也会大幅降低。在描述那个最让你害怕的情境时，如
果你感受到的焦虑已经几近于无，表明你已经改变了对这个情境的看法，
写作暴露就可以停止了。

暴露疗法总结表

情境主题：＿＿＿＿＿＿＿＿＿＿＿＿＿＿＿＿＿＿＿＿＿＿＿＿＿＿＿＿

暴露前

开始时间：＿＿＿＿＿＿＿＿＿＿＿＿＿＿＿＿＿＿

焦虑水平（0~10）：＿＿＿＿＿＿＿＿＿＿＿＿＿＿＿

暴露后

结束时间：＿＿＿＿＿＿＿＿＿＿＿＿＿＿＿＿＿

焦虑水平（0~10）：＿＿＿＿＿＿＿＿＿＿＿＿＿＿＿

该情境真实发生的可能性（0~100%）：＿＿＿＿＿＿＿＿＿＿＿＿＿＿

该情境真实发生后的灾难化程度（0~100%）：_____

该情境真实发生后你的应对能力（0~100%）：_____

写作暴露技术疑难解答

在运用写作暴露技术的时候可能会有一些棘手之处。在接下来的内容中，我们会解决一些常见的问题和挑战，并提供一些建议供大家参考。

迈不出第一步

我们在临床实践中发现，很多人在进行写作暴露时，迟迟迈不出第一步。这并不奇怪，因为要直面你最恐惧的东西，即使是用写作的形式，也会让人感到痛苦。你可能会一直用各种借口推迟这个练习，如"我现在真的很忙。我觉得应该再等几个星期，有了更多时间再做这件事。"遗憾的是，你永远也不可能找到一个完美的时间来做这件事。没有人喜欢去想那些可怕的消极结果，也没有人会享受焦虑感。与假想情境有关的忧虑达到了什么程度？是否已经严重到让你不想再用当前的应对策略，而是想正视它们、解决它们？说到底这些该由你自己来决定。如果你认为暴露疗法会有帮助，那就安排好进行写作暴露的时间，然后坚定地贯彻执行，无论在此过程中你的感受如何。记住，开始任何一项新的任务时，最难的都是前几步，随着时间的推移和练习次数的增多，就会越来越轻松。

在开始写作暴露疗法时，可能还会碰到另外一只拦路虎，就是头脑里挥之不去的担心：这种方法真的管用吗？我们有一些来访者担心，如果一直去想那些可怕的事情，会不会怕什么来什么？有人认为最好把注意力放在那些积极的想法上，不要去想那些最坏的情境。对此，我们的回应有两个。首先，只是想一想那些消极事件并不会把它们真的招来。别忘了，你担心这些问题可能已经长达数年了，如果光凭想就能让它们发生，那早就发生了。其次，你可能已经试过用积极想法来代替忧虑，既然你正在看这本书，那就说明这个办法并不管用。如果能够简单地用一个念头代替另一个念头，你可能早就这么做了。为了永远把忧虑抛开，在短期内体会专注于可怕后果时所感受到的痛苦，这种长痛不如短痛的做法是否值得呢？这同样是需要你自己做决定。

体会不到焦虑

有些人说，他们在进行写作暴露时没有体会到焦虑。如果你也属于这种情形，那你就需要弄明白为什么自己体会不到焦虑，然后才能解决这个问题。原因可能有几个。其中之一就是你在写作的时候用了中和策略。一些人在描述害怕的情境时，在自己没有意识到的情况下进行了修饰，使其不那么狰狞，导致该情境引发的焦虑强度降低。例如，在描述失业的场景时，你可能会这样写："同事们向我表达了同情，并对我说，我可以很轻松地再找一份工作"或者"老板向我道歉，说他并不想解雇我，但别无选择"。你可能还会在无意中用语言将该情境弱化，例如"我知道这不会发生"或"最后我意识到，一切都会好起来的"。这类陈述会让这个场景的威胁性降低，或许这可以解释为什么在暴露期间你体会不到焦虑。我们建议你把自己写的内容仔细阅读一遍，确定自己是否用了中和性的语言。如果确实用了，就尽量在以后的练习中把焦点放在最坏的场景上。

体会不到焦虑的另一个可能原因是，当你写作时，环境中存在着分散注意力的东西，它们阻止你充分体验那个场景带来的恐惧。这种情况包括：有背景音乐，或者开着电视，或者在写作时正在想别的事情。记住，暴露的目的是锁定那个让你感到害怕的结果，让这个结果似乎正在发生。为此，你要尽可能地消除周围的干扰，把全部注意力集中在这个练习上。

写作过程中体会不到焦虑的另一个可能原因是，你的恐惧已经大大减轻，其严重程度已经不足以引发焦虑。有时候，只需把恐惧的场景描写出来，就能让你明白这个场景出现的可能性并不大，也许永远都不会发生。因为忧虑通常是从一个主题跳跃到另一个主题，你可能一直没有机会完整、生动地想象某个特定忧虑的画面，直到你把那个最害怕的场景写出来。尽管我们鼓励大家让暴露疗法持续两到三周，但你可能会发现，只需进行几次暴露，你的恐惧和焦虑就大大降低了。在这种情况下，你在暴露中很难体会到焦虑可能是因为你克服恐惧的速度比意料中要快。如果是这样，我们建议你在终止这个练习之前，再进行两次暴露，确认这个场景不再引发焦虑了。

暴露后忧虑和焦虑增加

还有一些来访者说，在几次的暴露治疗后，他们的焦虑和忧虑不减反增。如果这种情况发生在你身上，你可能会以为写作暴露疗法只会加重病情，或者认为自己又回到了原点。事实上，在写作暴露过程中忧虑和焦虑增加的个案并不少见。既然你把所有的注意力都放在了最害怕的事情上，忧虑和焦虑增加不是很正常吗？但请你记住，这种痛苦增加的现象只是暂时的。随着不断地练习，你的忧虑和焦虑最终会越来越少。因此，我们强烈建议你不要轻易停止，直到你的焦虑能够在整个暴露过程中维持在很低的水平。考虑到这种方法要求你付出大量的时间和努力，你肯定不希望在没有充分获益之前就终止。

洞察忧虑

在针对某一特定忧虑完成写作暴露后，你的焦虑和忧虑出现的频率很可能会显著降低。除此之外，那个让你害怕的结果发生的概率可能也降低了，或者没那么有灾难性了。就算它真的发生了，你对自己控制该情境的能力也更有信心了。例如，如果你的忧虑中包括失业，你可能会逐渐产生这样的想法："尽管被解雇很糟糕，但真被逼到那个地步时，我大概也能找到一份新工作。"如果你的忧虑是关于在事故中失去亲人，你会逐渐意识到，这件事如果真的发生当然很可怕，但考虑到这件事真正发生的可能性很小，所以你不需要每天都想着它。这样一来，你可能会发现，能更轻松地让忧虑消失了，能把自己从那些可怕的念头中解放出来去考虑别的事情了。

为什么你会在完成写作暴露后用全新的眼光看待忧虑？当你把所有的注意力都放在那个最坏的情境时，就可以客观地评估一下全局，包括这个情境发生的可能性、真正的糟糕程度、如果真的发生你会如何应对。有了这种全局观，你就知道该搜集哪些信息来评估该情境的危险程度——这些信息是在你努力回避或中和这种忧虑时接触不到的。通过这样的方式，你可以反复地把注意力锁定在那个可怕的结果上，利用搜集到的信息对该情境进行重新评估，得出其威胁性显著降低的结论，你的忧虑自然就减少了。

你可能很想知道，在完成上述写作暴露后，是否需要对其他与假想情境相关的忧虑逐个进行暴露。幸运的是，并不需要。绝大多数人对假想情境的忧虑只包括一到两个深层恐惧。例如，害怕孤独无依，害怕不能照顾自己，害怕目睹亲人承受痛苦和折磨。多种不同的忧虑主题之下可能只隐藏着一个恐惧，所以，一旦你把这个恐惧处理掉，所有与之相关的忧虑都减轻了，而不仅仅是你用暴露疗法针对的那一个。例如，如果你的恐惧是不能照顾自己，你可能会担心一段关系终结，在逐渐老去时担心健康问题，或者担心失业。在用写作暴露瞄准其中的一个忧虑时，你可能会注意到，所有相关忧虑出现的频率也降低了。

把写作暴露技术放进工具箱里

如果你发现仍然有一些过度的、长期性的忧虑在继续作怪，和解决问题的方法一样，写作暴露也是一种可用的方法。不过，现在，在完成本书所有的练习作业后，你可能发现这种方法对你而言已经没有必要了。事实上，人们发现在用文字把自己的忧虑详细描述出来之后，他们很快就看穿了那些让自己忧虑的情境，不再那么担心了。

你可能也已经发现了，在写下某个忧虑的同时，你就注意到自己其实用了不少安全行为。例如，如果担心父母的健康，你可能会监控他们的饮食，询问他们锻炼的次数，或者从网上搜索与你观察到的他们的症状相关的信息。在这种情况下，针对这些安全行为展开行为实验可能是更有效的方法。无论你是否觉得需要为某个担忧的主题再进行一次写作暴露，都可以把它视为工具箱里的一件工具，可用于对忧虑的长期性管理。

第 11 章

立足成果，管理好忧虑

到现在为止，你已经学到了不少有助于更好理解并控制忧虑的方法，希望你也已经开始在生活中看到了积极的改变。也许你会发现，自己更愿意尝试新鲜事物了，或者在那些之前会引发焦虑的情境中不再那么忧虑了。承认并庆祝自己的成果是一件很重要的事。而且，无论你到目前为止取得了多少进步，最关键的是要保持这些成果并在此基础上造福于未来。为此，本章将着重讨论如何对忧虑进行长期性管理。

以心理健康为背景

在讨论如何维护从这本书中收获的成果之前，我们先来思考一下，在心理健康这个更广泛的背景中，你学到了什么。心理健康和其他领域（如牙齿和身体）的健康没有什么不同，尽管在我们的文化中一般不会用对待牙齿和身体的方式来对待心理。在思考如何好好关心一下牙齿和身体时，你很可能已经知道自己需要付出一些努力。如果你想要一口健康的牙齿，就知道要每天刷牙、剔牙，不要吃太多甜食，并且定期去牙医处进行检查。如果你不照做，随着时间的推移，就会面临很多牙齿带来的问题。

本质上，心理健康就是活得自在、自信，在应对逆境时游刃有余，保持心理健康和保持牙齿健康没有多大区别。如果你不付出努力经营自己的幸福，不去管理日常生活中出现的困难，可以预见你会越活越糟糕。然而，出于某些原因，我们的社会总是把心理健康视为可以自然生长的东西，也就是说，你不需要努力让自己成为一个整体上开心满足的人。当然，这是不正确的。如果你关注自己的心理并希望它保持健康，需要付出的不会比保持身体健康少。所以，要把从本书获得的成果保持下去并逐渐将其发扬光大，需要你坚持不懈地努力。

任重而道远

掌握忧虑管理技巧有点类似于学弹钢琴。也许你会找一个钢琴老师，跟着他上一段时间的课，老师会教一些弹钢琴的基础知识，并鼓励你每周在学新课程之前对学到的东西勤加练习。在课程结束时，你可能不会成为优秀的钢琴师，但已经打下了很好的基础。在此基础上，你最终能达到什么高度，完全取决于你自己。如果不保持练习并勇于尝试新内容，你学会的演奏技巧就会开始退化。如果你想记住学到的东西，甚至提高自己的技能，就需要不断地练习。

CBT 技巧也是如此。这本书已接近尾声，估计你在减少 GAD 症状这方面已经取得了不小的进步，但可能还没有完全摆脱过度忧虑。要摆脱忧虑，你必须学会在那些引发忧虑的情境中采用不同的思考与行为方式，而这需要大量的练习。如果你只练习了几个月，想彻底摆脱忧虑确实有难度。本书提供了多种减轻忧虑的方法，你对每种方法的熟练程度取决于你对每一章的内容付出的时间。但是，如果你现在合上这本书，停止练习学到的那些技巧，随着时间的推移，你的忧虑和安全行为可能会卷土重来。为此，你需要制订一个计划，考虑如何从长远的角度继续将这些技巧付诸应用。虽然这本书即将结束，但你才刚刚站在一段全新旅程的起点——这段旅程不仅通往一种没有过度忧虑的生活，还通往一种心理全面健康的生活。

维护技巧

如何维护迄今为止你收获的成果？我们可以把维护成果所需的技巧分成两种类型：一种是总体负责关注你的日常心理健康，另一种是专门解决你独有的忧虑。一般性的心理健康策略对每个人都有帮助，无论我们是否在人生的某个时刻被严重的情绪或焦虑问题困扰。它们是预防性措施，就好像经常刷牙一样，目的是帮助你应对所有人在日常生活中都会面对的困境。不同的是，解决忧虑专用的策略旨在帮助你维护在减少过度忧虑过程中取得的进步，并帮助你在此基础上更上一层楼。

自我保养

学会自我保养是日常心理健康策略，包括所有让你愉悦、放松或享受的事情。好的自我保养由哪些元素组成呢？答案因人而异。有人喜欢去健身房，有人喜欢去户外散步，有人喜欢抽时间读书或悠闲地泡个澡，有人喜欢呼朋唤友或观看喜欢的电视节目。

有规律的自我保养能对日常生活压力起到很好的缓冲作用，因为它能让你平静下来，觉得自己在心理上有能力应对逆境。遗憾的是，随着生活中压力事件的数量与日俱增，人们奉献给自我保养活动的时间却在减少。例如，也许你很喜欢每周为家人做两到三次饭，这会让你心情愉悦，而且让家庭成员有机会聚在一起讨论各自当天的经历。然而，如果你发现自己不能在最后期限前完成工作，就可能会在几周内放弃做饭，转而坐在办公桌前吃外卖。这种情况的问题在于，工作落后于进度是压力事件，你不但不去从事可以化解这种压力的活动（做饭），反而将这种自我保养活动从日常安排中取消了。

不妨把你的抗压能力看作一个空杯子。当生活向你发难时（汽车爆胎；钥匙不知道被放在哪儿了；晚上烟雾警报器乱响，被吵醒之后没睡好），杯子就会被一点点装满。当你定期进行自我保养时，就是在用勺子把压力舀出去一点，让这个杯子不那么满，这样可以有效防止压力溢出来。如果没有这种缓慢、稳定的减压措施，你就会被压力压垮，连很小的事情都能轻易让你心力交瘁（例如，只不过是在回家的路上多遇到几个红灯就导致你怒不可遏）。

所以，自我保养活动不只是让你愉悦，它们对压力和焦虑的长期管理极其重要。当你被 GAD 困扰时，就更是如此了，因为如果你正被日常压力压得喘不过气，要贯彻执行本书提供的忧虑管理策略就更难了。

抽出时间进行自我保养

很多来访者能说出很多自己喜欢的自我保养活动，甚至说他们一度很想去做，但一直没找到时间。可是，对那些我们认为重要的事情，所有人都能找到时间去做。所以，请记住，自我保养很重要，它是维护整体心理健康必不可少的部分。正因如此，你首先要确定一些每周都可以完成的自我保养活动，然后安排好时间——正如你安排好时间去看牙医一样。你可以安排一些每周或每天必做的活动。例如，每天出去散步，或者与某个重要人物每周约会一次。还有一些偶尔可以参加的活动可以被当作特别事件或对自己的奖励。例如，和朋友去听音乐会、看一场电影或去 SPA 中心享受一天。

每周都安排几个自我保养活动是一个好办法。当然，有时候需要灵活一点。例如，如果孩子感染上流感，或者你有额外的作业或工作要做，你能用来自我保养的空闲时间可能就少了。不过，即使可利用的时间少了，也一定要保证继续某些形式的自我保养。即使只有一点点时间，也是有用的，例如，喝茶的时候给自己 20 分钟的时间看看报纸或杂志。

练习 11.1　确定并安排自我保养活动

　　自我保养活动对心理健康至关重要，因此，我们建议你列一张清单，把那些让你感觉愉悦、享受、放松的活动记录下来。在理想的情况下，你应该把户外活动和户内活动掺杂在一起，这样一来，不管天气如何（天气太冷或下雨的时候，你可能不会去散步），也不管是什么时间（深夜你可能不想和朋友出去喝咖啡），你都有选择的余地。下面我们列出了一些自我保养活动的种类和例子，你可以当作参考。尽量多列一些不同种类的活动。我们鼓励大家按重要程度的不同安排自我保养活动。希望大家能够持续进行这个练习。

体力活动（去健身房；散步、慢跑或徒步；打网球、高尔夫、曲棍球或其他小组或团体运动。）

你喜欢的体力活动：＿＿＿＿＿＿＿＿＿＿＿＿＿＿＿＿＿＿＿＿＿

＿＿＿＿＿＿＿＿＿＿＿＿＿＿＿＿＿＿＿＿＿＿＿＿＿＿＿＿＿＿＿＿＿＿

社交活动（和某个朋友去外面吃午餐或晚餐；和重要他人或子女在一起；和朋友一起参加休闲活动，如购物、看电影、本地旅游及参观当地的博物馆和景点。）

你喜欢的社交活动：＿＿＿＿＿＿＿＿＿＿＿＿＿＿＿＿＿＿＿＿＿

＿＿＿＿＿＿＿＿＿＿＿＿＿＿＿＿＿＿＿＿＿＿＿＿＿＿＿＿＿＿＿＿＿＿

放松活动（做一个 SPA；美甲、美容或按摩；泡一个长长的放松浴；在家做喜欢的食物；读书；看一场喜欢的电影或电视节目。）

你喜欢的放松活动：＿＿＿＿＿＿＿＿＿＿＿＿＿＿＿＿＿＿＿＿＿

＿＿＿＿＿＿＿＿＿＿＿＿＿＿＿＿＿＿＿＿＿＿＿＿＿＿＿＿＿＿＿＿＿＿

其他活动（遛狗；做手工；上一门感兴趣的课，如艺术、舞蹈、烹饪、调酒。）

你喜欢的其他活动:＿＿＿＿＿＿＿＿＿＿＿＿＿＿＿＿＿＿

＿＿＿＿＿＿＿＿＿＿＿＿＿＿＿＿＿＿＿＿＿＿＿＿＿＿＿＿＿＿

现在，你手上已经有了一份自我保养活动清单，可能都是你喜欢的。每周至少安排两项活动，如果某项活动你每周都想参加，那就专门找一个时间。例如，如果你想每周上班之前去两次健身房，那就定下日期和时间，如周一和周三早上七点半。首先，利用下面的表格记录你计划下周要参加的两项活动及其日期和时间。如果某项活动需要的安排比较多，那就把具体的步骤写出来，这样可以增加你落实的机会。如果计划中的时间已经过去了，也要记录一下你是否真的参加了这项活动。

本周自我保养活动（样例）

活动 1：和朋友去看电影。

日期和时间：周五晚上。

是否需要准备？查询哪些电影正在上映，询问有哪些朋友可以一起去。

活动 2：看一场足球赛。

日期和时间：周日下午一点。

是否需要准备？挑选一些看球赛时吃的零食。

本周自我保养活动

活动 1：＿＿＿＿＿＿＿＿＿＿＿＿＿＿＿＿＿＿＿＿＿＿＿

日期和时间：＿＿＿＿＿＿＿＿＿＿＿＿＿＿＿＿＿＿＿＿＿

是否需要准备？＿＿＿＿＿＿＿＿＿＿＿＿＿＿＿＿＿＿＿

＿＿＿＿＿＿＿＿＿＿＿＿＿＿＿＿＿＿＿＿＿＿＿＿＿＿＿＿＿＿

是否完成？是＿＿＿＿＿　否＿＿＿＿＿

活动 2：＿＿＿＿＿＿＿＿＿＿＿＿＿＿＿＿＿＿＿＿＿＿＿

日期和时间：_____

是否需要准备？_____

_____

是否完成？ 是_____ 否_____

成为自己的治疗师

说到管理忧虑的具体技巧，其中最重要的一种方法就是，坚持每周留出一定的时间做计划，仔细安排好下周要做哪些练习，这样做可以保证维护并强化你的成果。我们称之为"成为自己的治疗师"。正如我们在前言中所说，去见治疗师的好处之一，就是形成责任制。CBT 治疗师会帮助你设计一些任务，让你每周进行练习，然后在面谈时会和你一起检查这些练习作业的完成情况。当你知道有人会查问这一周你都做了些什么、进展如何时，通常就会有足够的动力完成作业。

成为自己的治疗师是什么意思呢？就是让你自己扮演治疗师的角色，设计一些练习作业，检查作业的完成情况，然后再给自己安排新的练习作业。为了落实这些练习，你要和自己约定一个时间检查完成情况，正如你和治疗师每周约定见面一样。你可以去咖啡馆待一个小时，在家里也可以，选择一个不太可能被打断的时间（这意味着你可能需要关掉手机）。接下来我们会为你概括出几个有用的主题，帮助你检查各项练习的完成情况。

每周汇报

在第一步中，你要向自己汇报一下这周的表现如何：是否有很多忧虑？如果是，你担心的是什么呢？有没有特定的压力源可以解释这种忧虑？例如，你发现自己在考试期间对学业的担心较多，有人来家里拜访时你对房屋卫生状况的担心较多。

187

检查作业

接下来，你要检查一下各项练习的完成情况。把各项成绩记录下来是长期维护工程的一个重要部分，它能让你清楚地看到自己是否在不断进步。例如，也许你成功地完成了几个行为实验，而这些实验在几周前你还觉得很难。这种检查可以帮助找出那些对你而言依旧是挑战的领域，让你对新的实验该如何做心里有数。

已掌握及未掌握的技巧

在这本书中，我们提供了很多方法，而你对每个方法的青睐程度都不一样。在你和自己召开的治疗会议中，可以对所有方法进行简单回顾，以明确哪一种让你感觉最好（已掌握的技巧），哪一种可以多加练习（尚未掌握的技巧）。如果你想让忧虑继续减少，那些已经起作用的技巧是需要进行重点练习的。下面是目前为止你从本书中学到的方法。

- **自我监测**。一般来说，如果你想从自己的认知、行为及情感中找出某种固定模式，就不能完全依赖自己的记忆。因此，一旦你注意到忧虑总体上增加了，焦虑水平上升了，就会发现自我监测是一件多么宝贵的工具。你可以用它追踪忧虑、安全行为、诱发情境、焦虑水平以及忧虑类型。如果你决定使用自我监测技术，最好至少坚持一周，这样你才有足够的时间观察那些有问题的模式。

- **区分忧虑类型**。如果你正在监控自己的各种忧虑，要注意哪些忧虑主要与现存问题有关，哪些与假想情境有关，哪些是两者兼而有之。这有助于你在处理问题时决定下一步该如何走。

- **识别并质疑那些有关忧虑用处的信念**。当你相信某个特定忧虑有益时，可能就不太想去解决它。当你发现自己放不下某些忧虑时，最好想办法找出与这些忧虑有关的积极信念，并用"质疑自身想法"

及"开展行为实验"的方法进行检验。

- **以扫清过度忧虑为目标。**记住你为什么决定学习本书的各种方法——归根结底是为了让自己的人生更幸福、更满足。减少忧虑是这个目标的重要组成部分，不过，考虑人生接下来该怎么走也同样重要。所以，最好不时回顾一下你为自己设定的目标，确定是否需要增加新的目标，或者改变旧的目标。

- **识别你的 GAD 安全行为。**弄清楚自己经常使用哪些行为来减少或回避不确定性，这有助于你在一些旧模式冒出来作怪之前及早发现它们。

- **开展行为实验，挑战你对不确定性的消极信念。**要长期控制过度忧虑，这是最重要的工具之一。尽你所能地将各种实验融入日常生活中，让它们最终成为新的习惯。

- **挑战消极问题导向。**如果你发现自己对现存问题的忧虑越来越多，却总是拖延着不去解决，这个方法尤其有用。记住，在决定如何面对一个问题时，你对问题及解决问题所持的信念是一个比你实际解决问题的能力更有力的决定性因素。

- **有效解决问题。**有效利用你解决问题的能力不仅有助于应对各种生活困境，还能增加你在身处逆境时的信心，让你直接看到积极解决问题与单纯忧虑问题之间的区别。

- **写作暴露。**这种方法用于应对那些与假想情境相关的忧虑，它会让你在情绪上面对巨大的挑战。但是，为了战胜恐惧，你必须勇敢地直面它们。

练习 11.2　和自己举行会谈

如果说你在减少忧虑和焦虑这方面取得了任何成功的话，应该都是比较近期的事情，所以，最好在一开始就安排每周和自己举行一次会谈。从你每周的日程安排中留出一个小时,同时安排好具体的时间和地点。为了帮助你成为自己的治疗师,我们准备了下面的表格,你可以用来做会议记录并按照议程逐项进行。如果有必要,你可以随意增加或替换其中的问题。你完全可以按照自己的意愿增加或减少日程安排中的事项,别忘了你是自己的治疗师!如果你确实想涵盖不同的主题或问题,一定要用笔记本或电子文档的形式保留你和自己的会谈记录。

会谈议程

每周汇报

按照 0~10 的评分,在这一周中你的总体焦虑值是多少? _____

在这一周中你的平均忧虑值是多少?(清醒状态下)_____

你忧虑的主题有哪些?

_____

_____

是否有一些忧虑是过度或失控的?如果有,是哪些?

_____

_____

在这一周中,是否有任何压力事件可以解释这种忧虑?如果有,发生了什么?

_____

_____

如果感觉压力比平常更大,你是如何应对的?有没有使用什么额外的自我保养办法?

_____

_____

在这一周中你是否出现过下列任何 GAD 症状？如果有，有多严重（按照 0~10 的评分）？

感到不安、紧张或烦躁　　　　　　　　　_____

容易疲惫　　　　　　　　　　　　　　　_____

注意力难以集中或大脑一片空白　　　　　_____

易怒　　　　　　　　　　　　　　　　　_____

肌肉紧张　　　　　　　　　　　　　　　_____

睡眠紊乱　　　　　　　　　　　　　　　_____

你有没有发现任何与 GAD 相关的安全行为？如果有，是哪些？

_____

_____

总体而言，和前几周相比，在这一周中你是否感觉忧虑和焦虑情况有所好转或有所恶化？

_____

检查作业

在这一周中你有没有什么练习作业？如果有，你做了哪些？

_____

你有没有感觉某些练习比预想中容易？如果有，有没有办法让新的练习更具有挑战性？

_____

_____

你有没有感觉某些练习比预想中更难？有没有某项练习是你想做却因为太难而放弃了？如果有，有没有办法让新的练习稍微容易一点，可行性强一点？

_____

_____

检查技能

检查一下所有的忧虑管理技巧，能否用其中的一些来完成额外的练习？如果有，是哪些，可以用它们做什么？

_____

_____

为下周安排练习作业

记住你上周完成的作业以及可能需要继续练习的技巧，在接下来的一周中，你可以完成哪些练习？可能的话，尝试每周完成两项或三项作业。

练习 1：_____

练习 2：_____

练习 3：_____

下次举行会谈的日期和时间：_____

维护成果是一个持续的过程

本章一开始就提到，管理好你的忧虑，维护整体心理健康，是一个需要持续终生的过程。虽然我们鼓励大家每周都和自己举行会谈，以保证经常练习你学会的新技能，不过，随着你对自己的信心越来越足，你可以开始每两周安排一次会谈，然后改成每月一次，最后可以四个月或六个月一次。那个时候，你就可以把会谈当作定期体检——即使一切顺利，也要每年进行两次。这种会谈让你有机会反思自己的进展，奖励自己已经完成了高难度的工作。

第 12 章

应对失误和复发

在管理忧虑和焦虑方面，很少有人是以直线式进步的。几乎所有人都会经历起起落落。有时候你发现自己比平常忧虑得多一些，有时候又少一些，这是完全正常的。然而，在前进的过程中，你会时不时地发现自己明显在走下坡路。这会让你感到灰心丧气，不确定该怎样做才能重新踏上正轨。前进的路上充满坎坷，而且每一个坎坷都不一样，这就使得问题更复杂了。导致这些坎坷的原因不同，问题的严重程度不同，能够扭转局势的最佳方法不同，这使得每一个坎坷都各有特色。本章将重点探讨如何应对前进道路上的坎坷：如何识别它们；如何把它们扼杀在萌芽状态；当你意识到自己正在走下坡路时该怎么办。

正常失误与问题性失误

为了应对问题性失误（Problematic Lapses），需要你做一些准备工作。首先你要明白，焦虑和忧虑可能是正常的体验，你要弄清楚什么时候属于这种情况。每个人都会在某些时刻产生忧虑或焦虑，仅仅是这些体验的增加并不一定意味着你应对失当。一般来说，当焦虑和忧虑增加时，可以视为下列两种情况之一：一是对极端情境的正常反应；二是对正常情境的极端反应。在第一种情况中，真正的问题不是你的焦虑或忧虑，而是引发它

193

们的情境。换句话说，任何人在你的位置上都可能会产生同样的反应。例如，如果你生病需要做手术，你可能对手术和自己的健康都感到焦虑。这种反应被视为是正常、适当的，因为这种情境对绝大多数人而言都有压力。

相反，如果你发现自己对一些很小的压力都满腹忧虑，类似于你在开始学习这本书之前的状态，就表明出现了问题性失误。例如，如果像去一家新餐厅或为某人选生日礼物这类事情都会引发明显的焦虑和忧虑，就可以视为对正常情境的极端反应———一个严重程度远远超出事态的反应。

理解正常失误

说到正常失误（Normal Lapses），有两种情境通常会让大部分人体验到焦虑与忧虑的增加：有负面情绪体验和身处压力之中时。

负面情绪的影响

情绪低落或恶劣时，你对日常情境产生消极反应的可能性更大，因为心情会影响你对世界的看法。糟糕的情况会看起来比实际更糟，眼前的挑战会显得更难以承受。幸运的是，当你的情绪有所改善时，对相同情境的看法及反应也会改变。你可能已经注意到了，一旦摆脱消极情绪，一切看起来就不一样了。

当消极情绪导致你的忧虑和焦虑增加时，和上面的例子是一样的情况。当你感觉情绪低落或心情烦躁时，日常生活情境会显得更具威胁性，让你更有可能产生忧虑和焦虑反应。每个人都会时不时地出现这种情形。一旦消极情绪消失了，你对相同情境的评估会有很大的不同。

压力事件的影响

日常生活中的压力也会让大部分人的焦虑增加。即使是积极事件，例如结婚、迁新居、升职等，也会产生压力。虽然压力通常来自个人生活中发生的重要变化，但是，一些很小的改变或长时间累积的不便也会形成压力。一些小麻烦，例如把手机忘在家里了、旅行回来后倒时差、突然下雨但没带伞等，都是比较小的问题，但是，如果你在同一段时间内把这些倒霉事都经历了，就会产生极大的压力。无论你正在经历的是单个严重压力事件，还是多个琐碎问题，压力都会让你的焦虑水平升高，导致你更容易忧虑那些在压力不那么大的情况下不会忧虑的琐碎事情。

应对正常失误

情绪和压力水平会影响你的焦虑和忧虑，因此，如果你注意到自己比平常更忧虑或更焦虑，最好考虑一下这两个因素。这会让你将自己与日俱增的痛苦放置到背景中考虑，并将重心从自身转移到让你感到有压力或产生消极情绪的背景因素上，不管这些因素是什么。

所以，问一问自己，心情是否有明显改变，最近是否压力陡增，这些改变或许可以解释为什么你的忧虑和焦虑增加了。尤其要问问自己，眼前的处境是否会被大多数人认为令人苦恼或充满压力。如果一个没有 GAD 的人处于你的位置，是否也会感到比平时更焦虑、更忧虑？花一点时间确认一下问题究竟出在哪里——是你所处的情境，还是你对该情境的反应？这样做能让你把注意力集中在手头的问题上，而不是责备自己为什么会产生这样的感受。具体来说，如果可能，你可以把重点放在如何应对那些有问题的情境、如何改善自己的心情、如何参加可以减少压力的活动。

问题性失误

有时候，忧虑和焦虑的增加是有问题的表现，反映了旧的思维和行为方式的故态复萌。如果出现了问题性失误，你可能会注意到自己又开始使用一些安全行为了（之前你已经把它们识别出来了）。例如，你可能留意到，在发送短信或电子邮件之前，自己又控制不住地进行反复检查。在这种情况下，焦虑和忧虑的增加可能是因为旧习惯在一点点卷土重来，让你再次将那些不可预测、陌生或暧昧不明的情境视为威胁。

失误与复发

无论失误是对极端情境的正常反应还是对正常情境的极端反应，它都不一定是复发。失误是症状在短期内的增加，而复发则是更长期性地回到你开始解决焦虑与忧虑之前的状态。复发通常是对失误的反应，因为你对前进道路上的坎坷所给出的解释会影响你下一步的行为。如果把失误视为失败或被打回原形的标志，你就更有可能感到灰心丧气并最终决定放弃控制焦虑和忧虑的努力。另一方面，如果你把失误视为整个前进过程中正常的一部分，就更有可能迅速解决这个失误，并继续向前迈进。一定要记住，无论你经历的是失误还是复发，都可以扭转这个局面并在原有的基础上继续进步。不过，如果面对的是失误，这样做会更容易一些。

控制失误

当前进的路上出现各种坎坷时，你对自己应对这些坎坷的能力是否有信心呢？建立自信的最佳方式就是掌握不同的方法，让自己足以应对每一个阶段可能出现的困境。所以，接下来我们将帮助你识别失误的早期预警信号、失误的早期阶段、失误何时演变成复发。我们还会向你传授每一个阶段可能用到的技巧。

早期预警信号

为了及早发现失误，最好能够识别那些提醒你焦虑与忧虑正在增加的早期预警信号。其中包括一些对大多数人而言常见的一般预警信号，也包括一些你所特有的。一般预警信号通常包括感觉心力交瘁、疲惫不堪、烦躁易怒、注意力难以集中等。例如，有一些给你带来轻微不便的事情，比如某人在和你约会时迟到了五分钟，平常你根本不会放在心上，而这时你却轻易被这些小事激怒。也许你还发现，在读电子邮件或报纸文章时，要反复读好几遍才能明白是什么意思。这些预警信号并不表示你的忧虑和焦虑一定会增加，但是，身体透支的感觉会让你更加脆弱。

你特有的早期预警信号包括一些念头和行为，它们预示着你的某些旧习惯会卷土重来。其中包括更频繁地使用安全行为，比如反复检查、过度寻求信息或保证以及拖延。还有一些可能属于个人的预警信号包括减少自我保养活动、和家人吵架、对那些已经很大程度上不担心的问题又多了几分担心。因为每个人都是不同的，早期预警信号也不胜枚举。在接下来的练习中，我们会提供更多的例子，帮助你看到更多可能是预警信号的现象。重点是弄清楚属于自己的预警信号是一件非常值得去做的事情，因为这可能是一个强大的工具，可以帮助你在失误还没出现之前就进行处理。

练习 12.1 识别你的早期预警信号

这个练习旨在帮助你识别那些属于自己的早期预警信号。我们把它们分门别类地列在下面。在思考每一种类别时，好好想一想，是什么让你发现自己的表现不尽如人意（预警信号可能随时改变，也可能会随时出现新的信号，所以你可能需要列更多表格）。

心力交瘁（包括烦躁易怒、疲惫不堪、注意力难以集中等。）

_____

_____

睡眠改变（包括入睡困难、多睡或少睡、上床时间比平时更早或更晚等。）

_____

_____

安全行为（所有与不确定性相关的安全行为，包括你过去使用过的、你注意到自己又重新开始使用的。）

_____

_____

自我保养减少（包括改变或放弃那些你喜欢或觉得放松的活动，如做饭、阅读、去健身房、和朋友一起运动、美甲等。）

_____

_____

在家中的行为改变（包括不做家务、不管理家庭财务、不花时间和家人在一起等。）

_____

_____

在单位或学校的行为改变（包括所有工作或学习习惯、行动效率、与同事或同学的交往中发生的改变。）

_____

_____

发现信号及时行动

识别出预警信号后，你可以立刻采取行动，让忧虑和焦虑来不及变成一个问题。那么，该采取哪些行动呢？可以有意识地减少有问题的行为，或者多花一点时间在那些能让你感到愉悦或放松的活动上，换句话说，就是自我保养。例如，如果你的预警信号之一就是不再跟家人和朋友待在一起了，当你注意到这种现象时，可以安排和他们举行一次愉快的郊游。同样，如果不锻炼是你的预警信号之一，当你注意到自己有一些日子没去健身房了，就可以把健身运动列入自己的日程安排。

如果你的预警信号表明生活中压力有所增加，上述活动就特别有用，因为并不是所有困境都有可能立刻得到改变。例如，如果你手头的工作已逼近最后期限，你可能需要在很多天内增加工作时间，所以去健身房的时间就会减少，也不会有太多时间在家里待着。在这种情况下，最好制订一个具体的自我保养计划，在工作逼近最后期限时也能执行。你也可以每天给自己留出一段短暂的自我保养时间，如从工作中抽出半个小时吃午餐、阅读或散步。如果预警信号显示你再次开始使用旧的安全行为，如反复查看手机或从他人那里寻求保证，你可以设计一种能把这些行为扼杀在萌芽状态的行为实验。

你还可以把这两项内容列入你与自己举行的会谈中（我们在练习 11.2 中描述了这种会谈的具体操作方式）——留意预警信号，并在你识别出这些信号的那一刻采取行动。处理前进道路上的坎坷是日常心理健康管理中正常的一部分，识别早期预警信号可以被当作另一个有用的工具，让已有成果得到巩固和进一步发展。

早期失误

当你注意到一些早期预警信号，或者感到更焦虑、更痛苦时，一些旧习惯已经开始蠢蠢欲动了，比如使用更多安全行为、对日常生活事件的忧虑增加，这表明失误可能已经找上了你。我们说过，这是完全正常的。不过，你最好尽快把这些失误处理掉，以便回到正确的轨道上，更好地维护并改进以往的成果。下面的练习可以帮助你在注意到早期失误的第一时间就着手处理。

练习 12.2　制订计划应对早期失误

早期预警信号有很多不同的类型，早期失误的出现也有多种不同的原因，所以，一个有用的办法就是制订一个应对计划，这样无论失误的原始诱因是什么，都能将你带回正确的轨道。本次练习将帮助你制订一个行动计划，专门处理各种类型的早期失误。

识别正常失误

你是否注意到最近自己的情绪有所改变？

是＿＿＿＿＿　　否＿＿＿＿＿

你的生活中是否发生了什么特别的事情，足以解释这种情绪改变？如果有，是什么？

＿＿＿＿＿＿＿＿＿＿＿＿＿＿＿＿＿＿＿＿＿＿＿＿＿＿＿＿＿＿＿＿＿＿＿＿

＿＿＿＿＿＿＿＿＿＿＿＿＿＿＿＿＿＿＿＿＿＿＿＿＿＿＿＿＿＿＿＿＿＿＿＿

生活中是否有明显的改变或压力？如果有，是什么？

＿＿＿＿＿＿＿＿＿＿＿＿＿＿＿＿＿＿＿＿＿＿＿＿＿＿＿＿＿＿＿＿＿＿＿＿

＿＿＿＿＿＿＿＿＿＿＿＿＿＿＿＿＿＿＿＿＿＿＿＿＿＿＿＿＿＿＿＿＿＿＿＿

你的情绪改变或压力增加是生活中的现实困难造成的吗？换句话说，你的焦虑和忧虑增加是对该情境的适度反应吗？

是＿＿＿＿＿　　否＿＿＿＿＿

如果你感觉到了压力增加，可以做点什么控制这种压力吗（例如，如果压力来自工作要求的增多，你能否将一些任务分配给其他人，或者延长最后期限以减少日常工作负担？）如果可以，你能做什么？

＿＿＿＿＿＿＿＿＿＿＿＿＿＿＿＿＿＿＿＿＿＿＿＿＿＿＿＿＿＿＿＿＿＿＿＿

＿＿＿＿＿＿＿＿＿＿＿＿＿＿＿＿＿＿＿＿＿＿＿＿＿＿＿＿＿＿＿＿＿＿＿＿

如果目前你对这种压力束手无策，有哪些自我保养活动可以帮助你应对这种困境？（例如，或许你可以去散步、看电影、上瑜伽课、见朋友等。）

＿＿＿＿＿＿＿＿＿＿＿＿＿＿＿＿＿＿＿＿＿＿＿＿＿＿＿＿＿＿＿＿＿＿＿＿

＿＿＿＿＿＿＿＿＿＿＿＿＿＿＿＿＿＿＿＿＿＿＿＿＿＿＿＿＿＿＿＿＿＿＿＿

应对问题性失误

如果焦虑和忧虑的增加不是对压力或外在难题的正常反应，回答下面的问题。

你的日常保养是否发生了改变，这些保养活动包括：有规律的睡眠和饮食习惯；给自己一些私人时间；去健身房；与家人共度时光。

是＿＿＿＿　否＿＿＿＿

如果有改变，你会怎么处理？（例如，你可以安排一些社交活动，保证每个工作日抽出半个小时吃午餐，或者每天晚上在同一时间上床睡觉。）

＿＿＿＿＿＿＿＿＿＿＿＿＿＿＿＿＿＿＿＿＿＿＿＿＿＿＿＿＿＿＿

＿＿＿＿＿＿＿＿＿＿＿＿＿＿＿＿＿＿＿＿＿＿＿＿＿＿＿＿＿＿＿

如果你识别出来的早期预警信号是安全行为增加，是否有一些你可以采用的行为实验呢？（例如，你可以克制自己每天查看手机不超过一次，然后把结果记录下来。）

＿＿＿＿＿＿＿＿＿＿＿＿＿＿＿＿＿＿＿＿＿＿＿＿＿＿＿＿＿＿＿

＿＿＿＿＿＿＿＿＿＿＿＿＿＿＿＿＿＿＿＿＿＿＿＿＿＿＿＿＿＿＿

最近你是否和自己举行过会谈，以检查和回顾你在忧虑管理技巧上的进步？

是＿＿＿＿　否＿＿＿＿

如果没有，你能和自己安排一次这样的会谈吗？

是＿＿＿＿　否＿＿＿＿

列出日期、时间及地点：＿＿＿＿＿＿＿＿＿＿＿＿＿＿＿＿＿＿＿

＿＿＿＿＿＿＿＿＿＿＿＿＿＿＿＿＿＿＿＿＿＿＿＿＿＿＿＿＿＿＿

防止失误演变成复发

有时候，即使有非常周密的计划，忧虑和焦虑也可能会偷偷潜回你的生活，再次成为你的问题。虽然这会令人沮丧，但请记住，即使你正面临着问题性失误，也并不一定意味着你会复发。如前所说，失误与复发的区别就是你对那些卷土重来或更加恶化的症状产生的反应。所以，你如何看待失误及导致失误的自己，可能决定了你下一步会怎么做。尽量不要因失误而苛责自己。也许你刚刚走过一段艰难的人生阶段，非常忙碌，没有时间练习学到的那些技巧，或者忘了怎么练习它们。不管原因是什么，你都可以再次采取行动扭转局势。管理焦虑和忧虑是一段漫长的旅程，如果你能把前进道路上的坎坷视为这段旅程的一部分，就会更有动力收复失地，而不是轻言放弃。

控制复发

如果已经复发，你在学习本书之前的那些焦虑、忧虑及常用的安全行为就都回来了。也许你会认为，自己为了解决焦虑和忧虑而做的所有努力都付诸东流；也许你还会认为，从头再来一遍没有意义。对很多人来说，重新回到讨厌的旧习惯不仅充满挫败感，还让他们觉得自己又被打回原形。幸运的是，事实并非如此。首先，你要认识到，你是不可能回到原点的。现在的你和学习本书之前的那个你已经不一样了。现在的你明白 GAD 是什么，知道过度忧虑和焦虑会因你的某些想法和行为而顽固地存在，你还学会了很多有助于控制症状的方法。换句话说，你并不需要完全从头再来，因为你不可能把已经学到的东西统统忘掉。

也许你担心需要很长的时间才能恢复旧观，毕竟，如果你按照我们建议的时间量去学习不同的方法及完成各项练习，可能需要花一两个月的时间才能看到生活真正发生改变。所以，你可能以为，要追回以前的进度，就需要花一样长的时间。这也不是事实。学习 CBT 技能就像学习骑自行车一样，一旦你知道怎么骑，就再也用不重新学习了，无论你已经有多久没骑过车。所以，如果你需要回头再次练习本书中的方法，就可以预期很快就能看到你在管理忧虑和焦虑方面的能力有所提高。

制订计划应对复发

控制复发和控制失误并没有什么不同。最难的部分就是下定决心努力把那些好不容易获得的成果重新找回来。一旦你痛下决心，最好用一周的时间监测忧虑和安全行为。这会让你更好地理解自己目前的功能状态。你可能会发现，事实上忧虑并没有你以为的那样多，或者失误并非想象中那样严重。以自我监控的发现为基础，你可以制订一个行动计划，给自己分配一些要完成的练习作业。其中可以包括一般性策略（如坚持自我保养），更具体的练习（如解决问题），开展行为实验以挑战你对不确定性的消极信念，练习写作暴露，等等。

由于复发会让人感到挫败，所以，最好在数周内坚持不懈地努力，力争将其一举拿下，这样才能建立好的势头。通俗地讲，你要每周设一个固定时间检查作业的完成情况，并安排新的作业（即与自己举行会谈，见练习 11.2 的描述）。当你对自己战胜过度忧虑的能力再次充满自信后，就可以用几周一次的频率进行自我检查，这样可以保证已有成果得到持续的维护。

⁓ 练习 12.3　制订计划，战胜复发 ⁓

有时候，战胜复发最艰巨的部分不是迈出第一步，而是坚持下去。所以，一定要设计一些具体且现实的步骤，帮助你一步步回到原来选择的道路上，并沿着这条道路继续前进。本次练习将帮助你制订一个这样的计划。我们建议，一旦你觉得有复发的情况出现，就回头重新审视这个计划，并酌情进行修改。

步骤 1：监测忧虑和安全行为

用一周的时间追踪你的忧虑和安全行为。尽量每天记录 3 次你的发现，这可以让你对自己的症状有更全面的了解。你可以利用练习 6.1 中的安全行为监测表来完成这个任务。

步骤2：确定问题领域

把所有你认为有问题的安全行为以及有过度之嫌的特定忧虑记录下来。

有问题的安全行为：_____

_____

过度忧虑：_____

_____

步骤3：识别压力源及被忽视的自我保养

复发可能是压力增加导致的，因此，最好也记录一下你是否经历了任何压力事件，是否保持了良好的自我保养。如果你不确定自己最近是否经历了明显的压力事件，可以参考练习12.1来帮助识别日常生活中可能导致压力增加的变化。

近期压力源：_____

_____

常规进行但最近放弃的自我保养活动：_____

_____

如果你平时不参加自我保养活动，回顾一下你在练习11.1中列出的清单，把那些对你来说具有可操作性的活动记录下来：

_____

_____

步骤4：安排第一项练习

根据你对前面问题的答案，现在你可以决定要迈出的第一步是什么了。为了收回早期成果，这一步必须是现实可行的。至于你具体做什么，并不像初次练习时那样重要，所以你可以着重处理任意一个你发现有问题的领域。那么，第一个练习该怎么选择呢？下面我们给出了一些建议。

- **安排自我保养**。例如，你可以每天出去散步、保证每天有时间吃午餐、与朋友或家人聚会。
- **解决压力情境**。例如，你能否减轻工作量或把任务委托给他人？
- **开展行为实验**。做一些之前成功过的行为实验是有效的第一步，这将让你迅速获得动力，并让你有机会看到自己收复失地。
- **处理具体忧虑**。从最近对忧虑的监测数据中，你会发现，良好的第一步就是通过解决问题、写作暴露或挑战你对忧虑的积极信念处理各种具体忧虑。

记录你在下周会做的第一个练习：

_____

步骤 5：确定固定的会谈时间

这是最后一步，每周安排一个固定的时间检查所有练习的执行情况。是否成功了？如果没有，原因是什么？在会谈中，给自己安排一个下周要完成的练习。如果第一个练习比较容易完成，你可以为下周选择两个练习（例如，行为实验和常规自我保养活动）。但是，不要让自己负担过重。慢速前进成功抵达目标比同时做很多事情却无法坚持到底要好。

会谈的日期和时间：_____

在和自己举行会谈时，你可以采用练习 11.2 建议的日程安排。最重要的是，一定要每隔数周就至少安排一次和自己的会谈，以确保你在持续监测自己的进展并不断向前迈进。

从错误中汲取教训

尽管在前进的道路上经历的坎坷令人沮丧，但是，不管是失误还是复发，从长远来看都是有用的，因为它们让你有机会看清楚究竟是什么在拖你的后腿。弄清楚这一点后，将来你就能更好地避免失误。所以，在注意到忧虑与焦虑增加之前，一定要多花一点时间观察自己的生活现状。也许最近你在家庭和工作中都遇到了麻烦，也许日常安排中一个明显的变化影响了你的总体压力水平，也许你停止了一些本该一直进行的练习。在你确认了那个可能导致失误出现的罪魁祸首后，就把它视为早期预警信号，立刻对它采取行动。从长远来看，及早发现前进路上的障碍可以防止你将来撞上它们，让你有更多机会巩固并增加自己的成果。

结束语

我们经常告诫来访者，他们是一件正处于创作阶段的作品。心理健康管理是一个持续终生的过程，你必须按照生活环境的变化随时调整自己的努力程度。不过，如果一直坚持使用这本书中的方法，你就会在自己的人生中看到显著的变化——不仅体现在忧虑与焦虑的减少，也体现在你对待日常生活及其不确定性的方式上。

认知行为疗法最大的好处之一就是，你取得的所有成功都源于自身的努力。在这本书中，我们只是为你指明了道路，你才是选择踏上这条路并坚持走下去的人。所以，为所有的成功和收获奖励自己吧。我们建议你经常回顾一下那些最早完成的练习——就是你刚开始学习这本书时接触到的那些练习，并把它们和你现在正在做的练习进行对比。我们很容易失去自己的立场，忘记自己已经走了多远。当你看到自己可以不费吹灰之力，或者至少不那么费力地完成那些早期曾让自己焦头烂额的练习时，可想而知这是多大的鼓舞。在未来的岁月里，有时候你可能需要一些前进的动力，那就让这些鲜明的对比给你信心吧。祝你好运！

致　谢

　　首先，我要感谢我的合著者——米歇尔·杜加斯博士。每一次想到自己在 GAD 领域做出的些许成绩，我都会想起那句著名的话——"站在巨人的肩膀上"，对我而言，杜加斯博士就是巨人之一。他是一位杰出的研究人员和临床医生，他教给我的东西太多了，言语不足以表达其万一，是他把我培养成一个临床心理学家。米歇尔，你做的每件事情背后都有着深邃的哲学思想，包括指导研究生、课堂教学、做研究、接待来访者。直到今天，你的方法依然影响着我所有的工作，包括我作为一个心理学家的方方面面。我知道，如果没有你的知识、支持和鼓励，我不会有勇气去分享自己的观点和完成这项出色的工作。

　　这本书中列出的各种策略和研究方法离不开很多研究人员的杰出贡献，这些研究人员来自拉瓦尔大学、康科迪亚大学，近年来的研究人员大部分来自魁北克渥太华分校。就我个人而言，我要感谢康科迪亚大学焦虑障碍实验室的同事们，包括克里斯汀·布尔（Kristin Buhr）、内奥米·科纳（Naomi Koerner）、凯瑟琳·塞克斯顿（Kathryn Sexton）、凯莉·弗朗西斯（Kylie Francis）、尼娜·洛盖森（Nina Laugesen）和玛丽·赫达亚蒂（Mary Hedayati）。我一直怀念我们每天的午餐讨论时间。我们这个小组在米歇尔实验室完成的许多早期研究大大丰富了这本书的内容。内奥米，你对 GAD

中暴露疗法的研究保证了本书提到的方法与当前实证研究的结果保持一致。克里斯汀，我们已经合作了多年，我无法用言语表达我对你的临床知识和友谊的重视。

我还要向一些同事表示感谢，多年来，是你们帮助我明白了 GAD 正在不断扩展的概念化。衷心感谢莫琳·惠塔尔（Maureen Whittal）和杰克·拉赫曼（Jack Rachman），与他们的最初合作是在英属哥伦比亚大学医院原来的焦虑障碍诊所，对此我深感荣幸，并为今天能与他们继续合作感到骄傲。莫琳，杰克，你们不仅教会我如何做一名 CBT 治疗师，还耐心地与我讨论我的观念，数年如一日地鼓励我。感谢莎拉·纽斯（Sarah Newth）、大卫·雅各比（David Jacobi）、亚当·拉多米斯基（Adam Radomsky）、拉姆·兰德哈瓦（Ram Randhawa）以及克莱尔·菲利普（Clare Philips），你们都是我非常要好的朋友，你们的临床知识和出色的见解帮助我更好地形成了自己现有的临床主张。能够认识这么优秀的一群人并与之共事，我深觉荣幸。莎拉，在考虑 GAD 的最初概念模型时，你对我的帮助最大，正是在你的帮助下，我形成了今天的这些理论。

我还要感谢彼得·麦克莱恩博士（Dr. Peter McLean），是你最先把我带到温哥华，帮助我走上了目前的职业道路。你是一位出色的临床医生，是一个远见卓识、不断予人启迪、善良和慷慨的人。我和很多人一样怀念你，怀着深刻的感情缅怀你。

感谢在这本书的出版过程中提供帮助的 New Harbinger 出版社的工作人员。尤其要感谢杰斯·奥布赖恩（Jess O'Brien），他全程监督，确保我的工作能够按部就班地完成，在每一个阶段都提供积极的反馈。还要感谢尼古拉·斯基德莫尔（Nicola Skidmore）、杰茜·毕比（Jess Beebe）以及玛丽莎·索利斯（Marisa Solís）出色的编辑建议，让我在写作中能一直保持重点明确，时刻把读者放在心上。我还要感谢马特·麦凯（Matt McKay），感谢你让我们有创作这本书的机会。

最后，我要感谢多年来遇到的所有 GAD 患者，包括在蒙特利尔圣心医院、不列颠哥伦比亚大学医院焦虑障碍诊所以及温哥华 CBT 中心私人执业工作室的所有来访者。感谢你们让我对 GAD 有了更多的了解，与你们的合作让我有望成为更好的心理学家。正是和来访者的合作让这本书中呈现的多种治疗方法最终成型。我敬佩那些选择直面恐惧、追求更好人生的人，他们表现出来的勇气一直令我敬畏。

梅丽莎·罗比肖

　　首先，我要感谢这些年来认识的所有来访者和研究人员。你们的勇气、坚韧和敢于冒险的精神给我留下了深刻的印象，也让我学到了很多东西。所有参与研究治疗的人，非常感谢你们能忍受我们对细节近乎偏执的关注，感谢你们帮助我们为其他 GAD 患者找到了更有用的治疗方案。

　　我还要感谢这些年来跟过我的博士生：内奥米·科纳、克里斯汀·安德森（Kristin Anderson）、克里斯汀·布尔、索尼娅·德谢讷（Sonya Deschênes）、埃莉诺·多尼根（Sonya Deschênes）、凯莉·弗朗西斯、伊丽莎白·赫伯特（Elizabeth Hebert）、尼娜·洛盖森、凯瑟琳·塞克斯顿，当然，还有梅丽莎·罗比肖。你们每个人都是这幅"焦虑拼图"的一部分，很高兴能参与到你们的工作中。感谢你们当中依然与我保持合作的人，其中最值得一提的就是梅丽莎。非常感谢你邀请我一起踏上这段旅程。能够在这个项目上与你合作，令人愉快，我也深感荣幸。

　　衷心感谢这些年来与我合作过的所有同事。在康考迪亚大学工作期间，我有幸与威廉姆·布科夫斯基（William Bukowski）、让-菲利普·古恩（Jean-Philippe Gouin）、纳塔利·菲利普斯（Natalie Phillips）、安德鲁·莱德（Andrew Ryder）及我的好朋友亚当·拉多米斯基（Adam Radomsky）共事。你们帮助我拓宽了眼界，让我明白求同存异的道理。我还必须感谢圣心医院的同事，我们的大部分临床实验都是在那里完成的。特别感谢伊莎贝尔·杰奈特（Adam Radomsky）、爱丽莎·塞凡达（Amélie Seidah）、帕斯卡尔·哈维（Pascale Harvey）、蕾妮·勒布朗（Renée Leblanc），你们是真正优秀的治疗师。我还要感谢魁北克渥太华分校的新同事。感谢你们的热情欢迎，我期待未来与你们有富有成果、令人兴奋的合作。

就我个人而言，要感谢我的父母——丹尼斯（Denise）和罗纳德（Ronald），以及我的三个姐妹——苏珊娜（Suzanne）、塞林（Céline）和乔安妮（Joanne），因为你们给予的成长历程，我今天的人生才能如此轻松惬意。感谢你们，我从未忘记，科学与对人类苦难的同情是可以携手并肩的。

最后，我要感谢我的妻子席琳（Céline），以及我的两个孩子苏菲（Sophie）和热雷米（Jérémie）。这本书是献给你们的，因为你们正是我存在的理由。

米歇尔·杜加斯

版权声明